I0469244

Vittorio Di Vito

ELEMENTI DI ANALISI ED OTTIMIZZAZIONE DEI SISTEMI ELETTRICI DISSIMMETRICI

Ingegneria Elettrica

Vittorio Di Vito
Elementi di analisi ed ottimizzazione dei sistemi elettrici dissimmetrici

ISBN: 978-1-4303-2537-6

© Copyright 2007 by Vittorio Di Vito

Per contattare l'autore: vittorio.di.vito@inwind.it

Editore: Lulu Inc., USA (www.lulu.com)

Dello stesso Autore:

Libri

Vittorio Di Vito, *Il calcolo della vita utile dei componenti elettrici*

Enrico Di Vito e Vittorio Di Vito, *La valutazione dell'inquinamento armonico e del relativo danno economico nei sistemi elettrici*

Vittorio Di Vito, *Esercitazioni di Misure Elettriche*

Monografie

Vittorio Di Vito, *Progetto dell'impianto elettrico in uno studio dentistico*

Vittorio Di Vito, *Regolazione della frequenza e della potenza di scambio in un sistema elettrico con interconnessioni di rete*

Vittorio Di Vito, *Progetto preliminare del sistema elettrico per una stazione di pompaggio*

Vittorio Di Vito, *Preliminary review on optimization methods*

Tutti i diritti sono riservati a norma di legge.

Nessuna parte di questo libro può essere riprodotta, memorizzata in sistemi d'archivio o trasmessa in qualsiasi forma o mezzo, elettronico, meccanico, fotocopia, registrazione o altri, senza la preventiva autorizzazione scritta dell'autore. L'autore si è fatto carico della preparazione del libro e dei softwares in esso eventualmente contenuti. L'autore non si assume alcuna responsabilità, esplicita o implicita, riguardante tali softwares o il contenuto del testo. L'autore non potrà in alcun caso essere ritenuto responsabile per incidenti o conseguenti danni che derivino o siano causati dall'uso dei softwares o dal loro funzionamento oppure dall'applicazione dei concetti espressi nel testo. Nomi e marchi citati nel testo sono generalmente depositati o registrati dalle relative case produttrici.

Elementi di analisi ed ottimizzazione dei sistemi elettrici dissimmetrici

© Copyright 2007 by Vittorio Di Vito

Vittorio Di Vito

Ricercatore, ha svolto significativa attività di ricerca nell'ambito dell'analisi ed ottimizzazione dei sistemi elettrici di potenza e nell'ambito dell'analisi di affidabilità dei componenti elettrici industriali.

Dopo la maturità classica, ha conseguito la laurea *cum laude* in Ingegneria Elettrica presso l'Università di Cassino, con specializzazione nell'indirizzo Energia. Successivamente ha conseguito il Dottorato di Ricerca in Ingegneria Elettrica e dell'Informazione presso il Dipartimento di Ingegneria Industriale della medesima Università.

La sua attività di ricerca nel campo dell'Ingegneria Elettrica spazia dai sistemi elettrici di potenza ai sistemi elettrici industriali ed ha portato al completamento di numerosi lavori scientifici, pubblicati su riviste a diffusione internazionale oppure presentati nell'ambito di congressi internazionali.

Alla ricerca ha affiancato anche l'attività di docente. E' stato, infatti, professore di Elettrotecnica, Elettromeccanica, Macchine Elettriche e Pratiche Elettriche e Misure presso la Scuola Nautica della Guardia di Finanza di Gaeta nonché è stato docente di Sistemi e Automazione presso l'Istituto Tecnico Industriale "E. Majorana" di Cassino.

Vittorio Di Vito è autore di quattro libri (*Elementi di analisi ed ottimizzazione dei sistemi elettrici dissimmetrici, Il calcolo della vita utile dei componenti elettrici, La valutazione dell'inquinamento armonico e del relativo danno economico nei sistemi elettrici* e *Esercitazioni di Misure Elettriche*) e quattro monografie (*Progetto dell'impianto elettrico in uno studio dentistico, Regolazione della frequenza e della potenza di scambio in un sistema elettrico con interconnessioni di rete, Progetto preliminare del sistema elettrico per una stazione di pompaggio, Preliminary review on optimization methods*).

PREMESSA

Il presente volume ha lo scopo di illustrare alcune tra le più recenti tecniche impiegate nell'ambito dell'analisi e dell'ottimizzazione dei sistemi elettrici dissimmetrici.

Esso si differenzia dalla maggior parte dei libri che trattano tali argomenti in virtù del fatto che non vengono qui adoperate le tipiche ipotesi di sistema simmetrico con carico equilibrato ma ci si riferisce a condizioni del tutto generali: sistema non necessariamente simmetrico e carico non necessariamente equilibrato.

Il volume, pertanto, non può sostituirsi ai testi "classici" che trattano l'analisi e l'ottimizzazione dei sistemi elettrici di potenza ma può essere utilmente impiegato a corredo di tali testi, allo scopo di approfondire la conoscenza degli approcci più moderni impiegati nell'analisi e nell'ottimizzazione dei sistemi dissimmetrici con carico non equilibrato.

L'analisi di tale tipo di sistemi viene proposta tanto in ambito deterministico quanto, seguendo un approccio più recente, in ambito probabilistico. L'ottimizzazione, invece, viene affrontata esclusivamente con un approccio di tipo deterministico.

Allo scopo di facilitarne la consultazione, il libro è diviso in tre parti: la prima parte si riferisce all'analisi dei sistemi elettrici dissimmetrici con approccio deterministico, la seconda all'analisi probabilistica e la terza all'ottimizzazione.

Ciascuna delle tre parti contiene una sezione introduttiva che fornisce un sommario dei contenuti della parte medesima, alcuni capitoli che illustrano l'approccio teorico e, ad eccezione della prima parte, un capitolo finale che contiene alcuni esempi di applicazione delle tecniche proposte.

Malgrado la cura posta nella redazione del libro, l'Autore è ben consapevole della possibilità che esso contenga eventuali errori di stampa, pertanto sarà grato a quanti vorranno eventualmente dargliene comunicazione al seguente indirizzo e-mail: *vittorio.di.vito@inwind.it*.

Cassino, Marzo 2007

Vittorio Di Vito

INDICE

Indice delle figure   11

Indice delle tabelle   13

Introduzione   17

Parte I
Analisi deterministica in regime permanente dei sistemi elettrici dissimmetrici

1	Sommario della parte I	23
2	Il load flow trifase	25
2.1	Equazioni nei nodi di generazione ad eccezione dello slack	27
2.2	Equazioni nel nodo slack	28
2.3	Equazioni nei nodi di carico	29
2.4	Modello matematico complessivo del sistema	30
3	Il fast decoupled load flow trifase	35
4	Elementi non nulli della matrice Jacobiana	41
4.1	Elementi della sottomatrice $\partial \mathbf{P}/\partial \boldsymbol{\theta}$	41
4.2	Elementi della sottomatrice $\partial \mathbf{P}/\partial \mathbf{V}$	42
4.3	Elementi della sottomatrice $\partial \mathbf{P}^{gen}/\partial \boldsymbol{\theta}$	42
4.4	Elementi della sottomatrice $\partial \mathbf{P}^{gen}/\partial \mathbf{V}$	43
4.5	Elementi della sottomatrice $\partial \mathbf{Q}/\partial \boldsymbol{\theta}$	44
4.6	Elementi della sottomatrice $\partial \mathbf{Q}/\partial \mathbf{V}$	44
4.7	Elementi delle sottomatrici $\partial \mathbf{U}/\partial \boldsymbol{\theta}$ e $\partial \mathbf{U}/\partial \mathbf{V}$	45

Parte II
Analisi probabilistica in regime permanente dei sistemi elettrici dissimmetrici

5	Sommario della parte II	49
6	Il metodo probabilistico dei flussi di potenza in regime dissimmetrico	51
7	Caratterizzazione delle variabili aleatorie in ingresso del modello	53
7.1	Potenze attive e reattive di fase nei nodi di carico	54
7.2	Potenze attive trifase nei nodi di generazione	56
7.3	Moduli della tensione nei nodi di generazione	59
7.4	Elementi della matrice delle ammettenze nodali	59
8	Tecniche probabilistiche per la caratterizzazione delle variabili aleatorie in uscita del modello	61
8.1	Metodo Monte Carlo non lineare	61
8.2	Metodo Monte Carlo linearizzato	67
8.3	Metodo Monte Carlo multi-linearizzato	70
8.4	Metodo della convoluzione	75
8.5	Metodo delle funzioni approssimanti	77
9	Esempi	85
9.1	IEEE 13 Node Test Feeder	85
9.2	Caso 1	87
9.3	Caso 2	92

Parte III
Ottimizzazione deterministica in regime permanente dei sistemi elettrici dissimmetrici

10	Sommario della parte III	103
11	Allocazione e dimensionamento ottimali dei condensatori	105
12	Formulazione del problema di ottimizzazione	107
13	La funzione obiettivo	109
13.1	Il costo dei condensatori	110

13.2	Il costo delle perdite alla fondamentale	110
13.3	I costi della distorsione armonica	110
14	I vincoli di uguaglianza	113
14.1	Equazioni del load flow trifase alla frequenza fondamentale	113
14.2	Equazioni del load flow trifase alle armoniche	113
15	I vincoli di disuguaglianza	117
15.1	Vincoli sulle tensioni alla frequenza fondamentale ed alle armoniche	117
15.2	Vincoli sui fattori di distorsione totali	118
15.3	Vincoli sulle correnti circolanti alla frequenza fondamentale	118
16	Procedura di soluzione	119
17	Esempi	125
17.1	IEEE 34 Node Test Feeder	125
17.2	Caso 1	129
17.3	Caso 2	132
17.4	Caso 3	132

Appendice
Reti test IEEE

18	IEEE 13 Node Test Feeder	139
19	IEEE 34 Node Test Feeder	147
Bibliografia		161
Link utili		167
Indice analitico		169

Questa pagina è stata lasciata intenzionalmente bianca

INDICE DELLE FIGURE

I-1   Rappresentazione in coordinate di fase della macchina   26
       sincrona

II-1   Diagramma di flusso della procedura Monte Carlo Non   64
       Lineare applicata all'analisi probabilistica in regime
       permanente dei sistemi elettrici trifase dissimmetrici

II-2   Diagramma di flusso della procedura Monte Carlo   69
       Linearizzata applicata all'analisi probabilistica in regime
       permanente dei sistemi elettrici trifase dissimmetrici

II-3   Diagramma di flusso della procedura Monte Carlo Multi-   72
       Linearizzata, basata sulla potenza attiva totale di carico,
       applicata all'analisi probabilistica in regime permanente
       dei sistemi elettrici trifase dissimmetrici

II-4   Esempio di funzione di densità di probabilità della potenza   73
       attiva totale di carico presente sul sistema elettrico
       dissimmetrico

II-5   Diagramma di flusso della procedura delle funzioni   79
       approssimanti applicata all'analisi probabilistica in regime
       permanente dei sistemi elettrici trifase dissimmetrici

II-6   IEEE 13 Node Test Feeder   85

II-7   Caso I-A - Funzioni di densità di probabilità del valore   90
       efficace della tensione nelle fasi 1 e 2 del nodo 675

II-8   Caso I-A - Funzioni di densità di probabilità del fattore di   90
       dissimmetria nel nodo 675

II-9   Caso II-A - Funzioni di densità di probabilità del valore   95
       efficace della tensione nelle fasi 1 e 2 del nodo 675

II-10 Caso II-B - Funzioni di densità di probabilità del valore   95
       efficace della tensione nella fase 1 del nodo 675

II-11   Errori medi nella valutazione dei valori attesi dei flussi di   97
potenza reattiva sulle linee rispetto al valore dei
coefficienti di correlazione

II-12   Errori massimi nella valutazione dei valori attesi dei flussi   97
di potenza reattiva sulle linee rispetto al valore dei
coefficienti di correlazione

II-13   Errori medi nella valutazione dei percentili al 95% dei   98
flussi di potenza reattiva sulle linee rispetto al valore dei
coefficienti di correlazione

II-14   Errori massimi nella valutazione dei percentili al 95% dei   98
flussi di potenza reattiva sulle linee rispetto al valore dei
coefficienti di correlazione

III-1   Diagramma di flusso della procedura per l'allocazione ed   120
il dimensionamento ottimali dei condensatori nelle reti
elettriche trifase dissimmetriche

III-2   IEEE 34 Node Test Feeder   126

III-3   Caso 1 - Variazione della funzione obbiettivo rispetto al   130
numero di banchi di capacità inseriti

III-4   Allocazioni e dimensionamenti ottimali ottenuti nel caso 1,   134
considerando anche il costo della distorsione armonica

III-5   Allocazioni e dimensionamenti ottimali ottenuti nel caso 3,   135
considerando anche il costo della distorsione armonica

INDICE DELLE TABELLE

II-1 Errore standard nella stima dei parametri statistici di una   66
      popolazione di tipo gaussiano a partire da un campione di
      elementi della medesima

II-2 Valori medi delle potenze di fase attive e reattive   87

II-3 Caso I-A: Errori medi sui valori efficaci della tensioni, sui   89
      valori delle potenze, attive e reattive, in transito sulle linee e
      sui valori dei fattori di dissimmetria (caso di riferimento)

II-4 Caso I-B: Errori medi sui valori efficaci della tensioni, sui   91
      valori delle potenze, attive e reattive, in transito sulle linee e
      sui valori dei fattori di dissimmetrie (sensibilità rispetto alla
      deviazione standard)

II-5 Caso I-C: Errori medi sui valori efficaci della tensioni, sui   91
      valori delle potenze, attive e reattive, in transito sulle linee e
      sui valori dei fattori di dissimmetrie (sensibilità rispetto alle
      distribuzioni bimodali)

II-6 Caso II-A: Errori medi sui valori efficaci della tensioni, sui   93
      valori delle potenze, attive e reattive, in transito sulle linee e
      sui valori dei fattori di dissimmetrie (sensibilità rispetto alle
      distribuzioni bimodali)

II-7 Caso II-B: Errori medi sui valori efficaci della tensioni, sui   93
      valori delle potenze, attive e reattive, in transito sulle linee e
      sui valori dei fattori di dissimmetrie (sensibilità rispetto alla
      correlazione ed alle distribuzioni bimodali)

II-8 Caso II-A: Errori massimi sui valori efficaci della tensioni, sui   94
      valori delle potenze, attive e reattive, in transito sulle linee e
      sui valori dei fattori di dissimmetrie (sensibilità rispetto alle
      distribuzioni bimodali)

II-9 Caso II-B: Errori massimi sui valori efficaci della tensioni, sui   94
      valori delle potenze, attive e reattive, in transito sulle linee e
      sui valori dei fattori di dissimmetrie (sensibilità rispetto alla
      correlazione ed alle distribuzioni bimodali)

III-1   Carichi lineari   127

III-2   Armoniche di corrente   128

III-3   Ubicazione e composizione dei carichi non lineari   128

III-4   Risultati delle applicazioni numeriche della procedura per   131
         l'allocazione ed il dimensionamento ottimali dei condensatori
         sui sistemi elettrici trifase dissimmetrici

Ingegneria Elettrica

Vittorio Di Vito

Elementi di analisi ed ottimizzazione dei sistemi elettrici dissimmetrici

© Copyright 2007

Appunti ed osservazioni

INTRODUZIONE

Come ben noto, l'analisi di un sistema elettrico in regime permanente riveste un'importanza fondamentale sia in fase di pianificazione che in fase di gestione.

Di solito tale analisi viene condotta trascurando gli squilibri dei carichi e le dissimmetrie delle linee, ricorrendo ad una rappresentazione monofase equivalente dell'intero sistema. Inoltre, i valori delle grandezze di ingresso ai modelli impiegati per tale analisi sono spesso assunti noti con certezza.

Nei sistemi elettrici di potenza, però, possono essere presenti carichi squilibrati e dissimmetrie dovute alle linee. Ad esempio, infatti, possono essere presenti nel sistema elettrico impianti monofase in alternata per la trazione elettrica, forni elettrici, lunghe linee non trasposte e così via; molti sistemi di distribuzione, poi, sono caratterizzati dalla presenza di linee e/o carichi monofase e bifase.

Inoltre, i dati di ingresso ai modelli sono spesso caratterizzati da inevitabili incertezze, principalmente dovute alle variazioni nel tempo delle potenze, attive e reattive, dei carichi e della configurazione della rete. Queste variazioni non sono note con certezza, per cui una loro corretta descrizione richiede il ricorso alle variabili aleatorie.

In taluni casi, pertanto, per l'analisi in regime permanente di un sistema elettrico può diventare indispensabile l'impiego sia di un modello matematico ricavato a partire da una rappresentazione trifase dei vari componenti del sistema sia di metodi probabilistici che, a partire dalla conoscenza delle variabili aleatorie di ingresso, siano in grado di caratterizzare univocamente le variabili aleatorie di uscita del modello.

Il presente volume analizza, pertanto, le reti elettriche di distribuzione in cui sono presenti dissimmetrie di carico e/o di struttura (sistemi elettrici "dissimmetrici"), con approcci sia di tipo deterministico che probabilistico. In particolare, vengono proposti:

▸ un metodo euristico per l'allocazione ed il dimensionamento ottimali dei condensatori in un sistema elettrico dissimmetrico;

▸ alcuni metodi per l'analisi probabilistica in regime permanente dei sistemi elettrici dissimmetrici.

Per quanto riguarda il problema dell'allocazione e del dimensionamento ottimali dei condensatori, questo problema richiede la soluzione di un modello di ottimizzazione non lineare a variabili miste. A tal fine nel libro viene illustrata una procedura euristica che sfrutta opportunamente tanto le equazioni di equilibrio elettrico del sistema (load flow trifase) che una loro versione semplificata. La procedura in oggetto è stata testata tramite numerose applicazioni numeriche su reti test di varie dimensioni ed ha dimostrato di essere un metodo semplice ed efficace per la determinazione di una soluzione, ancorché sub-ottimale, del problema in questione.

Per quanto riguarda l'analisi probabilistica in regime permanente dei sistemi elettrici dissimmetrici, vengono sviluppate alcune tecniche probabilistiche che consentono la valutazione delle funzioni di densità di probabilità delle tensioni di fase e dei fattori di dissimmetria, anche quando le variabili aleatorie di ingresso al modello del sistema sono correlate e/o caratterizzate da funzioni di densità di probabilità di tipo multi-modale.

Le tecniche probabilistiche esaminate e sviluppate sono le seguenti:

▸ metodo Monte Carlo Non Lineare;

▸ metodo Monte Carlo Linearizzato;

▸ metodo Monte Carlo Multi-Linearizzato;

▸ metodo della convoluzione;

▸ metodo delle funzioni approssimanti.

La prima tecnica consiste nell'applicazione della simulazione Monte Carlo alle equazioni non lineari di load flow trifase. La seconda e la terza tecnica consistono nell'applicazione del metodo Monte Carlo alle equazioni di load flow trifase linearizzate nell'intorno di un punto (Monte Carlo Linerizzato) o nell'intorno di più punti (Monte Carlo Multi-Linearizzato) della regione dei valori attesi. La quarta tecnica è basata sulla procedura di convoluzione applicata a partire dalle equazioni di load flow trifase linearizzate. La quinta ed ultima tecnica presa in esame, infine, consiste nella valutazione delle funzioni di densità di probabilità di interesse per mezzo di appropriate funzioni approssimanti (polinomi di Pearson).

Tali tecniche sono state sviluppate e confrontate tra loro, in termini di accuratezza e di onere computazionale, tramite numerose applicazioni numeriche effettuate su reti test di differenti dimensioni.

Appunti ed osservazioni

PARTE I

ANALISI DETERMINISTICA IN REGIME PERMANENTE DEI SISTEMI ELETTRICI DISSIMMETRICI

Questa pagina è stata lasciata intenzionalmente bianca

1

SOMMARIO DELLA PARTE I

La determinazione delle condizioni di funzionamento in regime permanente dei sistemi elettrici è di fondamentale importanza sia in fase di pianificazione e progettazione di nuovi sistemi sia nel determinare, per sistemi già esistenti, le migliori condizioni di funzionamento.

Tale analisi viene solitamente condotta nelle ipotesi di rete simmetrica e di carichi equilibrati, trascurando, pertanto, gli squilibri dei carichi e le dissimmetrie delle linee e ricorrendo ad una rappresentazione monofase equivalente dell'intero sistema. Un tale modello, però, non è più accettabile nelle situazioni in cui l'entità degli squilibri di carico e delle dissimmetrie di rete è tale da non poter essere trascurata. Situazioni di tal genere si verificano ad esempio quando sono presenti carichi monofase di trazione, forni ad arco, lunghe linee elettriche non trasposte e così via. Ben note, poi, sono le dissimmetrie delle linee e gli squilibri dei carichi che possono caratterizzare i sistemi elettrici di distribuzione in media e bassa tensione.

In tali casi si rende necessaria una modellazione del sistema più accurata, ottenuta tramite la rappresentazione trifase dei vari componenti del sistema stesso. Ciò implica che il modello matematico che consente di descrivere le condizioni di funzionamento in regime permanente del sistema si presenta alquanto più complesso di quello normalmente impiegato quando per la rappresentazione dei componenti sono sufficienti i circuiti monofase equivalenti.

Nel presente parte del volume viene anzitutto illustrato, il modello matematico di un sistema elettrico trifase in cui sono presenti dissimmetrie di linea e squilibri dei carichi (*load flow trifase*).

Viene descritta, poi, la versione in trifase del *Fast Decoupled Load Flow*; analogamente a quanto accade per il caso di sistemi simmetrici [6], tale modello semplificato sfrutta il fatto che, come noto, le potenze attive presentano una scarsa dipendenza dai moduli delle tensioni mentre le potenze reattive sono approssimativamente indipendenti dalle fasi delle tensioni.

Vengono esplicitamente riportati, infine, gli elementi non nulli della matrice Jacobiana.

2

IL LOAD FLOW TRIFASE

La finalità dell'analisi in regime permanente di un sistema trifase dissimmetrico è quella di determinare le tensioni, in modulo e fase, in tutti i nodi monofase del sistema stesso. Ciò può essere ottenuto per mezzo di un opportuno modello matematico, costituito da un sistema non lineare di equazioni che, per un'assegnata struttura della rete, rappresenta il legame esistente tra le grandezze elettriche di stato (tensioni nei nodi monofase), le potenze attive e reattive richieste dai carichi e le potenze attive trifase nei nodi di generazione tranne quello di saldo.

Nella scrittura del modello matematico in questione si possono utilizzare, nella rappresentazione dei fasori e degli operatori complessi, le coordinate cartesiane o quelle polari e, analogamente, sono possibili diverse rappresentazioni per i generatori sincroni; ciò corrisponde a diverse strutture possibili per tale modello.

Tra le numerose strutture del modello matematico di un sistema trifase presenti nella letteratura scientifica internazionale, nel seguito si farà riferimento al modello proposto in [6], la cui estensione nel campo probabilistico verrà illustrata nella parte II del libro.

In tale modello, per la rappresentazione dei fasori vengono impiegate le coordinate polari mentre per gli operatori complessi le coordinate cartesiane. Per quanto riguarda i generatori sincroni, essi sono rappresentati in coordinate di fase, con un modello dedotto a partire dalla figura I-1.

Come evidente da tale figura, per ciascun generatore sincrono si individua una coppia di nodi trifase, quello esterno "i" e quello interno "j"; $\mathbf{Y}_g$ rappresenta la matrice di dimensioni [3x3] delle ammettenze del generatore.

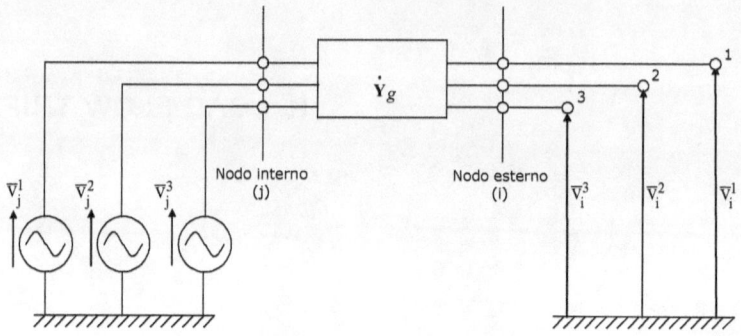

Figura I-1
Rappresentazione in coordinate di fase della macchina sincrona

Ipotizzando che il sistema di eccitazione dell'alternatore agisca in maniera simmetrica sulle tre fasi, le tre tensioni di fase nel nodo interno di generazione costituiscono una terna simmetrica di sequenza diretta e, pertanto, valgono per tale nodo le seguenti relazioni:

$$V_j^1 = V_j^2 = V_j^3$$

$$\theta_j^2 = \theta_j^1 - \frac{2}{3}\pi \qquad\qquad (\text{I.1})$$

$$\theta_j^3 = \theta_j^1 - \frac{4}{3}\pi.$$

Ciò premesso, si consideri un sistema elettrico trifase dissimmetrico, costituito da N nodi trifase e, quindi, da 3N nodi di fase. Supponendo, per semplicità di trattazione, che i nodi del sistema siano sempre o di sola generazione o di solo carico, gli N nodi trifase che costituiscono il sistema siano classificati nella maniera seguente:

▸ i nodi da 1 a N_C siano di carico;

▸ i nodi da (N_C+1) a (N_C+N_g) siano esterni di generazione;

▸ i nodi da (N_C+N_g+1) a $(N_C+2N_g)=N$ siano interni di generazione;

▸ l'ultimo nodo di generazione sia quello di saldo ("nodo slack").

Il modello matematico atto a descrivere il comportamento in regime permanente di un sistema elettrico trifase dissimmetrico è costituito dall'insieme delle equazioni riportate nei paragrafi che seguono. Per comodità di esposizione e per congruenza logica, nel seguito tali equazioni vengono raggruppate in funzione della tipologia di nodo al quale sono riferite e vengono esplicitamente indicate, per ciascun tipo di nodo, le grandezze note e quelle incognite.

2.1 EQUAZIONI NEI NODI DI GENERAZIONE AD ECCEZIONE DELLO SLACK

Nei nodi di generazione, fatta eccezione per il nodo slack, le grandezze note sono le seguenti:

▸ la potenza attiva trifase;
▸ la legge di regolazione della tensione.

Le equazioni che si possono scrivere nei nodi interni di generazione, tranne che nel nodo interno del nodo slack (j=N) sono le seguenti:

$$\left(P_j^{gen}\right)^{sp} = \sum_{p=1}^{3} V_j^p \sum_{k=1}^{N} \sum_{m=1}^{3} V_k^m \left[G_{jk}^{pm} \cos\theta_{jk}^{pm} + B_{jk}^{pm} \sin\theta_{jk}^{pm}\right]$$

$$j = N_c + N_g + 1, \ldots, N-1.$$

(I.2)

Per quanto riguarda i nodi esterni di generazione, poi, è evidente dalla figura I-1 che essi sono dei nodi di transito della potenza attiva e della potenza reattiva; pertanto in tali nodi si possono scrivere le equazioni (I.3):

$$0 = V_i^p \sum_{k=1}^{N} \sum_{m=1}^{3} V_k^m \left[G_{ik}^{pm} \cos\theta_{ik}^{pm} + B_{ik}^{pm} \sin\theta_{ik}^{pm}\right]$$

$$0 = V_i^p \sum_{k=1}^{N} \sum_{m=1}^{3} V_k^m \left[G_{ik}^{pm} \sin\theta_{ik}^{pm} - B_{ik}^{pm} \cos\theta_{ik}^{pm}\right]$$

$$p = 1,2,3 \ ; \quad i = N_c + 1, \ldots, N_c + N_g - 1.$$

(I.3)

In effetti, a rigore il dato noto nei nodi di generazione è la potenza attiva trifase erogata dalla macchina sincrona, cioè quella resa disponibile nel nodo esterno di generazione. Di fatto, però, il rendimento dei generatori sincroni è tanto elevato da consentire di trascurare le perdite della macchina e di supporre, pertanto, che la potenza erogata dalla stessa si possa assegnare direttamente nel nodo interno di generazione [6].

Negli stessi nodi di generazione, poi, si possono scrivere le equazioni relative alla regolazione della tensione, cioè le (I.4):

$$\left(V_i^{reg}\right)^{sp} = f\left(V_i^1, V_i^2, V_i^3, \theta_i^1, \theta_i^2, \theta_i^3\right)$$
$$i = N_c + 1, \dots, N_c + N_g - 1 \tag{I.4}$$

Se, ad esempio, la regolazione della tensione viene effettuata in modo tale che la media dei moduli delle tre tensioni di fase sia mantenuta costantemente pari a $\left(V_i^{reg}\right)^{sp}$, le equazioni (I.4) sono espresse dalla relazione:

$$\left(V_i^{reg}\right)^{sp} = \frac{V_i^1 + V_i^2 + V_i^3}{3}. \tag{I.5}$$

Nei nodi di generazione le grandezze incognite sono le seguenti:

▶ il modulo e la fase di ciascuna delle tre tensioni di fase nei nodi di generazione esterni;
▶ il modulo e l'argomento di una delle tre tensioni di fase, di solito la prima, nei nodi di generazione interni (ciò in virtù del fatto che, come evidenziato dalle relazioni (I.1), si ipotizza che nei nodi interni di generazione le tre tensioni di fase costituiscano una terna simmetrica di sequenza diretta).

In definitiva, pertanto, in ciascun nodo di generazione, escluso il nodo slack, si possono scrivere la (I.2), la (I.4) e le sei (I.3), che costituiscono un sistema di otto equazioni a fronte delle ulteriori otto incognite introdotte.

2.2 Equazioni nel nodo slack

Nel nodo di saldo le grandezze assegnate sono le seguenti:

▶ la legge di regolazione della tensione nel nodo esterno;
▶ la fase della tensione nel nodo interno (solitamente posta pari a zero), che viene assunta come riferimento per le fasi delle tensioni.

In considerazione del fatto che il nodo esterno del nodo di saldo è di transito, per esso valgono, poi, le solite equazioni di bilancio.

Nel nodo slack, pertanto, si ha:

$$\left(V_i^{reg}\right)^{sp} = f\left(V_i^1, V_i^2, V_i^3, \theta_i^1, \theta_i^2, \theta_i^3\right)$$
$$i = N_c + N_g \tag{I.6}$$

$$0 = V_i^p \sum_{k=1}^{N} \sum_{m=1}^{3} V_k^m \left[G_{ik}^{pm} \cos\theta_{ik}^{pm} + B_{ik}^{pm} \sin\theta_{ik}^{pm} \right]$$

$$0 = V_i^p \sum_{k=1}^{N} \sum_{m=1}^{3} V_k^m \left[G_{ik}^{pm} \sin\theta_{ik}^{pm} - B_{ik}^{pm} \cos\theta_{ik}^{pm} \right] \tag{I.7}$$

$$p = 1,2,3 \; ; \quad i = N_c + N_g.$$

Quanto detto per le equazioni (I.4) è valido anche per le equazioni (I.6).

Nel nodo slack le grandezze incognite sono le seguenti:

▸ il modulo e l'argomento di ciascuna delle tre tensioni di fase nel nodo di generazione esterno;
▸ il modulo della tensione di una delle tre fasi, di solito la prima, nel nodo interno di generazione.

In definitiva, pertanto, nel nodo slack si possono scrivere la (I.6) e le sei (I.7), che costituiscono un sistema di sette equazioni a fronte delle ulteriori sette incognite introdotte.

2.3 EQUAZIONI NEI NODI DI CARICO

Nei nodi di carico le grandezze note sono:

▸ la potenza attiva in ciascuna delle tre fasi;
▸ la potenza reattiva in ciascuna delle tre fasi.

Trattandosi, appunto, di nodi di carico, le equazioni che valgono per essi sono le seguenti:

$$\left(P_i^p\right)^{sp} = V_i^p \sum_{k=1}^{N} \sum_{m=1}^{3} V_k^m \left[G_{ik}^{pm} \cos\theta_{ik}^{pm} + B_{ik}^{pm} \sin\theta_{ik}^{pm} \right]$$

$$\left(Q_i^p\right)^{sp} = V_i^p \sum_{k=1}^{N} \sum_{m=1}^{3} V_k^m \left[G_{ik}^{pm} \sin\theta_{ik}^{pm} - B_{ik}^{pm} \cos\theta_{ik}^{pm} \right] \tag{I.8}$$

$$p = 1,2,3 \; ; \quad i = 1,...,N_c.$$

Nei nodi di carico, le grandezze incognite sono:

▸ i moduli delle tre tensioni di fase;
▸ gli argomenti delle tre tensioni di fase.

In definitiva, pertanto, in ciascun nodo di carico si possono scrivere le sei (I.8), che costituiscono un sistema di sei equazioni a fronte delle ulteriori sei incognite introdotte.

2.4 MODELLO MATEMATICO COMPLESSIVO DEL SISTEMA

Da quanto esposto segue che il modello matematico dell'intero sistema elettrico trifase dissimmetrico è costituito da un sistema non lineare di $[6(N_c+N_g)+2N_g-1]$ equazioni in altrettante incognite.

In particolare, il sistema non lineare è costituito dalle equazioni seguenti:

▸ le N_g-1 equazioni (I.2), riferite alla potenza attiva trifase nei nodi di generazione, tranne il nodo slack;
▸ le N_g equazioni (I.4) e (I.6), riferite alle leggi di regolazione della tensione in tutti i nodi di generazione compreso il nodo slack;
▸ le $6N_g$ equazioni (I.3) e (I.7), riferite a tutti i nodi di generazione, compreso il nodo slack;
▸ le $6N_c$ equazioni (I.8), riferite alle potenze attive e reattive monofase dei nodi di carico.

Nelle suddette equazioni, ovviamente, sono imposte le relazioni (I.1) per tutti i nodi interni di generazione.

Le incognite del sistema non lineare in oggetto, invece, sono le seguenti:

▸ gli N_g-1 argomenti della tensione di una delle tre fasi nei nodi interni di generazione, ad eccezione del nodo slack;
▸ gli N_g moduli della tensione di una delle tre fasi nei nodi interni di generazione;
▸ i $6N_g$ moduli ed argomenti delle tensioni di ciascuna delle tre fasi nei nodi esterni di generazione;
▸ i $6N_c$ moduli ed argomenti delle tensioni di ciascuna delle tre fasi nei nodi di carico.

La soluzione di questo sistema di equazioni non lineare può essere ottenuta esclusivamente per via numerica, facendo uso di tecniche di tipo iterativo. Tra le varie tecniche possibili, quella che meglio si presta allo scopo e che, pertanto, risulta essere di gran lunga la più impiegata è quella che utilizza un algoritmo di risoluzione di tipo Newton-Raphson.

A tal fine, si ponga il sistema di equazioni non lineari su evidenziato nella seguente forma più compatta:

$$(\mathbf{P})^{sp} = \mathbf{P}(\mathbf{V},\theta) \tag{I.9}$$

$$\left(\mathbf{P}^{gen}\right)^{sp} = \mathbf{P}^{gen}(\mathbf{V},\theta) \tag{I.10}$$

$$(\mathbf{Q})^{sp} = \mathbf{Q}(\mathbf{V},\theta) \qquad\qquad (I.11)$$

$$\left(\mathbf{U}^{reg}\right)^{sp} = \mathbf{U}(\mathbf{V},\theta) \qquad\qquad (I.12)$$

nella quale i simboli utilizzati hanno il seguente significato:

▸ $\mathbf{V}$ è il vettore dei moduli delle tensioni di fase incognite;

▸ θ è il vettore degli argomenti delle tensioni di fase incognite;

▸ $\left(\mathbf{P}^{gen}\right)^{sp}$ è il vettore delle potenze attive trifase specificate nei nodi interni di generazione, ad eccezione dello slack;

▸ $(\mathbf{P})^{sp}$ è il vettore delle potenze attive di fase specificate nei nodi di carico e nei nodi esterni di generazione;

▸ $(\mathbf{Q})^{sp}$ è il vettore delle potenze reattive di fase specificate nei nodi di carico e nei nodi esterni di generazione;

▸ $\left(\mathbf{U}^{reg}\right)^{sp}$ è il vettore dei valori di riferimento dei regolatori di tensione dei generatori.

Sviluppando in serie di Taylor le equazioni da (I.9) a (I.12) ed arrestando tale sviluppo ai termini del primo ordine, si ottengono le seguenti equazioni linearizzate:

$$\Delta\mathbf{P} = \frac{\partial\mathbf{P}}{\partial\theta}\Delta\theta + \frac{\partial\mathbf{P}}{\partial\mathbf{V}}\Delta\mathbf{V} \qquad\qquad (I.13)$$

$$\Delta\mathbf{P}^{gen} = \frac{\partial\mathbf{P}^{gen}}{\partial\theta}\Delta\theta + \frac{\partial\mathbf{P}^{gen}}{\partial\mathbf{V}}\Delta\mathbf{V} \qquad\qquad (I.14)$$

$$\Delta\mathbf{Q} = \frac{\partial\mathbf{Q}}{\partial\theta}\Delta\theta + \frac{\partial\mathbf{Q}}{\partial\mathbf{V}}\Delta\mathbf{V} \qquad\qquad (I.15)$$

$$\Delta\mathbf{U} = \frac{\partial\mathbf{U}}{\partial\theta}\Delta\theta + \frac{\partial\mathbf{U}}{\partial\mathbf{V}}\Delta\mathbf{V} \qquad\qquad (I.16)$$

con ovvio significato dei simboli.

Le equazioni da (I.13) a (I.16) possono essere espresse in una forma matriciale ancora più compatta nella maniera seguente:

$$
\begin{bmatrix} \Delta P \\ \Delta P^{gen} \\ \Delta Q \\ \Delta U \end{bmatrix} =
\begin{bmatrix}
\dfrac{\partial P}{\partial \theta} & \dfrac{\partial P}{\partial V} \\[2mm]
\dfrac{\partial P^{gen}}{\partial \theta} & \dfrac{\partial P^{gen}}{\partial V} \\[2mm]
\dfrac{\partial Q}{\partial \theta} & \dfrac{\partial Q}{\partial V} \\[2mm]
\dfrac{\partial U}{\partial \theta} & \dfrac{\partial U}{\partial V}
\end{bmatrix}
\begin{bmatrix} \Delta \theta \\ \Delta V \end{bmatrix}
\qquad (I.17)
$$

in cui la matrice contenente le derivate parziali rispetto alle variabili di stato è la nota matrice Jacobiana, che si indicherà nel seguito con **J**:

$$
\mathbf{J} =
\begin{bmatrix}
\dfrac{\partial P}{\partial \theta} & \dfrac{\partial P}{\partial V} \\[2mm]
\dfrac{\partial P^{gen}}{\partial \theta} & \dfrac{\partial P^{gen}}{\partial V} \\[2mm]
\dfrac{\partial Q}{\partial \theta} & \dfrac{\partial Q}{\partial V} \\[2mm]
\dfrac{\partial U}{\partial \theta} & \dfrac{\partial U}{\partial V}
\end{bmatrix}.
\qquad (I.18)
$$

Le espressioni degli elementi dello Jacobiano sono riportate nel capitolo 4.

La (I.17), tenendo conto della posizione (I.18), può essere sinteticamente riscritta come:

$$
\begin{bmatrix} \Delta P \\ \Delta P^{gen} \\ \Delta Q \\ \Delta U \end{bmatrix} =
\mathbf{J}
\begin{bmatrix} \Delta \theta \\ \Delta V \end{bmatrix}.
\qquad (I.19)
$$

Le equazioni scritte nella forma matriciale (I.19) rappresentano il sistema linearizzato da risolvere iterativamente (Newton-Raphson). Le iterazioni vengono arrestate al soddisfacimento di un prefissato criterio di convergenza, cioè quando gli errori sono minori di una quantità prestabilita, il cui valore viene scelto in relazione al grado di accuratezza che si intende conseguire nella stima della soluzione.

Una volta risolto il sistema non lineare di equazioni con il metodo di Newton-Raphson si ottengono i valori delle variabili di stato del sistema, vale a dire i moduli e gli argomenti delle tensioni in tutti i nodi di fase e, pertanto, risulta individuato lo stato elettrico in regime permanente del sistema dissimmetrico in esame.

Una volta noto lo stato elettrico del sistema, poi, tramite relazioni in forma chiusa è possibile determinare tutte le grandezze di interesse in funzione delle variabili di stato. In particolare, ad esempio, è possibile calcolare i flussi di potenza attiva e reattiva di fase che transitano sulle linee, la potenza attiva trifase generata nel nodo slack, le potenze reattive nei nodi di generazione e così via.

Appunti ed osservazioni

3

IL FAST DECOUPLED LOAD FLOW TRIFASE

Il modello matematico completo per l'analisi in regime permanente dei sistemi elettrici trifase in condizioni dissimmetriche, sviluppato nel capitolo 2, può essere semplificato in maniera analoga a quanto solitamente si fa per i sistemi simmetrici (load flow monofase disaccoppiato) [6].

Anche per il modello trifase, infatti, è possibile utilizzare, a vantaggio della semplificazione matematica, l'osservazione che le potenze attive presentano una scarsa dipendenza dai moduli delle tensioni e le potenze reattive presentano una scarsa dipendenza dalle fasi delle tensioni [6]; con tali assunzioni si giunge alla determinazione di un modello matematico trifase di tipo dissaccoppiato, quindi più semplice e di più rapida risoluzione rispetto al modello completo sviluppato nel paragrafo precedente.

Sulla base delle assunzioni fatte, si possono operare sui termini della matrice Jacobiana (I.18) le seguenti semplificazioni:

$$\frac{\partial \mathbf{P}}{\partial \mathbf{V}} \cong 0, \ \frac{\partial \mathbf{P}_{gen}}{\partial \mathbf{V}} \cong 0, \ \frac{\partial \mathbf{Q}}{\partial \theta} \cong 0. \qquad (\text{I.20})$$

Inoltre, allo scopo di conseguire un ulteriore snellimento del modello matematico, si può osservare che è ragionevole assumere l'indipendenza delle leggi di regolazione della tensione nei nodi di generazione dalle fasi delle tensioni, giungendo così all'ulteriore semplificazione:

$$\frac{\partial \mathbf{U}}{\partial \theta} \cong 0. \qquad (\text{I.21})$$

Sulla base delle assunzioni (I.20) e (I.21), perciò, la matrice Jacobiana (I.18) può essere semplificata nella maniera seguente:

$$
J_2 = \begin{bmatrix} \dfrac{\partial P}{\partial \theta} & 0 \\[2ex] \dfrac{\partial P^{gen}}{\partial \theta} & 0 \\[2ex] 0 & \dfrac{\partial Q}{\partial V} \\[2ex] 0 & \dfrac{\partial U}{\partial V} \end{bmatrix}
\tag{I.22}
$$

dove si è utilizzato il pedice "2" per distinguere lo Jacobiano completo da quello semplificato.

Le relazioni linearizzate (I.17), pertanto, tenendo conto della (I.22), diventano:

$$
\begin{bmatrix} \Delta P \\ \Delta P^{gen} \\ \Delta Q \\ \Delta U \end{bmatrix} = \begin{bmatrix} \dfrac{\partial P}{\partial \theta} & 0 \\[2ex] \dfrac{\partial P^{gen}}{\partial \theta} & 0 \\[2ex] 0 & \dfrac{\partial Q}{\partial V} \\[2ex] 0 & \dfrac{\partial U}{\partial V} \end{bmatrix} \begin{bmatrix} \Delta \theta \\ \Delta V \end{bmatrix}
\tag{I.23}
$$

Dalla (I.23), in definitiva, si giunge alle seguenti equazioni in forma disaccoppiata:

$$
\begin{bmatrix} \Delta P \\ \Delta P^{gen} \end{bmatrix} = \begin{bmatrix} \dfrac{\partial P}{\partial \theta} \\[2ex] \dfrac{\partial P^{gen}}{\partial \theta} \end{bmatrix} [\Delta \theta] = J_3 \Delta \theta
\tag{I.24}
$$

$$
\begin{bmatrix} \Delta Q \\ \Delta U \end{bmatrix} = \begin{bmatrix} \dfrac{\partial Q}{\partial V} \\[2ex] \dfrac{\partial U}{\partial V} \end{bmatrix} [\Delta V] = J_4 \Delta V,
\tag{I.25}
$$

dove con J_3 e J_4 si indicano le matrici Jacobiane ridotte, relative rispettivamente alle derivate parziali prime rispetto alle fasi e rispetto ai moduli delle tensioni.

Le (I.24) e (I.25) costituiscono due sistemi di equazioni indipendenti, il che rappresenta naturalmente una prima semplificazione rispetto al modello trifase completo ricavato in precedenza. Si può procedere, però, ancora ad ulteriori semplificazioni per giungere ad un sistema di equazioni più agevole da risolvere numericamente, detto "*fast decoupled three-phase load flow*".

A tal fine, si osservi che in generale, in una generica fase "*m*" di un generico nodo di generazione "*k*" collegato alla rete di potenza tramite un trasformatore elevatore con impedenza longitudinale (trascurando la componente resistiva) pari a circa 0.1 p.u. (con riferimento alla potenza nominale del trasformatore), la quantità $B_{kk}^{mm}\left(V_k^m\right)^2$ vale circa 10 p.u.. D'altro canto, di solito, la potenza reattiva prodotta da un generatore sincrono a regime è al massimo quantificabile in 0.6÷0.7 p.u. (con riferimento alla potenza nominale del generatore sincrono) e la potenza nominale dell'alternatore è normalmente quasi uguale a quella del trasformatore elevatore. Ne segue, pertanto, che in una generica fase "*m*" di un generico nodo di generazione "*k*" è ragionevole ritenere che la potenza reattiva iniettata Q_k^m sia molto minore della quantità $B_{kk}^{mm}\left(V_k^m\right)^2$.

In maniera analoga, considerando una generica fase di un generico nodo di carico, si può giungere alla medesima conclusione. Infatti, normalmente la reattanza longitudinale di una linea è data dal prodotto della reattanza di fase per la lunghezza della linea; tale reattanza longitudinale, per una linea di lunghezza pari a circa 100 km, è quantificabile solitamente in circa 0.1 p.u.. D'altro canto, normalmente, la potenza reattiva è minore della potenza attiva assorbita dai carichi e la potenza trasmessa è dello stesso ordine di grandezza della potenza nominale della linea, pertanto anche per i nodi di carico vale la stessa ragionevole approssimazione adottata per i nodi di generazione.

In definitiva, allora, in tutte le fasi di tutti i nodi vale la disuguaglianza [6]:

$$Q_k^m << B_{kk}^{mm}\left(V_k^m\right)^2 \qquad (I.26)$$

cioè l'iniezione di potenza reattiva nella generica fase "*m*" del generico nodo "*k*" è molto minore della quantità $B_{kk}^{mm}\left(V_k^m\right)^2$.

Considerando, poi, due generici nodi "*i*" e "*k*" connessi tra loro sulla medesima generica fase "*m*", si può ragionevolmente assumere che lo sfasamento relativo θ_{ik}^{mm}

tra le due tensioni di fase sia piccolo e, pertanto, è possibile adottare le seguenti ulteriori approssimazioni [6]:

$$\cos\theta_{ik}^{mm} \cong 1 \qquad\qquad (1.27)$$

$$G_{ik}^{mm}\sin\theta_{ik}^{mm} << B_{ik}^{mm}. \qquad\qquad (1.28)$$

In aggiunta a quanto detto sopra, si può osservare anche che in generale lo squilibrio di fase in una sbarra qualunque del sistema si potrà ritenere piccolo e, pertanto, per le generiche fasi "*p*" ed "*m*" del generico nodo "*k*", si potrà fare uso dell'approssimazione [6]:

$$\theta_{kk}^{pm} \cong \pm 120° \quad \text{per } p \neq m. \qquad\qquad (1.29)$$

Dalle relazioni approssimate (1.27) e (1.29), infine, segue che lo sfasamento tra differenti fasi di due sbarre connesse tra di loro sarà comunque approssimativamente pari a 120°, quindi per la generica fase "*i*" del generico nodo "*p*" e la generica fase "*k*" del generico nodo "*m*", vale l'approssimazione [6]:

$$\theta_{ik}^{pm} \cong \pm 120° \quad \text{per } p \neq m. \qquad\qquad (1.30)$$

E' ovvio, infine, che i valori di sfasamento finora indicati devono essere opportunamente modificati di $\pm 30°$, nel caso in cui la connessione dei trasformatori trifase considerati sia di tipo stella-triangolo invece che stella-stella.

Le approssimazioni da (1.26) a (1.30), introdotte al fine di giungere ad un modello trifase disaccoppiato di rapida risoluzione, vanno comunque considerate con la dovuta attenzione.

In particolare, l'approssimazione (1.30) consente di valutare i seni ed i coseni nel modello matematico come:

$$\cos\theta_{ik}^{pm} \cong -0.5$$

$$\sin\theta_{ik}^{pm} \cong \pm\frac{\sqrt{3}}{2} \qquad\qquad (1.31)$$

per $p \neq m$

ed è un'assunzione necessaria al fine di rendere costanti le matrici Jacobiane disaccoppiate J_3 e J_4; tale approssimazione, però, è piuttosto critica, perché i valori della funzione seno e della funzione coseno possono cambiare in maniera anche significativa pur in corrispondenza di piccole variazioni dello sfasamento considerato attorno a ±120°.

Adoperando le approssimazioni da (I.26) a (I.30) nella valutazione delle matrici Jacobiane semplificate in (I.24) e (I.25), si ottiene la seguente formulazione [6]:

$$\Delta P_i^p = V_i^p M_{ik}^{pm} V_k^m \Delta\theta_k^m \qquad (I.32)$$

$$\Delta P_j^{gen} = \sum_{p=1}^{3} V_j M_{jk}^{pm} V_k^m \Delta\theta_k^m \qquad (I.33)$$

$$\Delta Q_i^p = V_i^p M_{ik}^{pm} V_k^m \Delta V_k^m \qquad (I.34)$$

$$\Delta U_j = \left(\frac{\partial \mathbf{U}}{\partial \mathbf{V}}\right)' \Delta V_k^m \qquad (I.35)$$

con:

$$M_{ik}^{pm} = G_{ik}^{pm} \sin\theta_{ik}^{pm} - B_{ik}^{pm} \cos\theta_{ik}^{pm} \cong G_{ik}^{pm}\left(\pm\frac{\sqrt{3}}{2}\right) - B_{ik}^{pm}\left(-0.5\right). \qquad (I.36)$$

Tutti gli elementi nella (I.36) sono costanti, essendo derivati unicamente dalla matrice delle ammettenze del sistema ed in questo modo si è ottenuto il risultato di rendere costanti le matrici Jacobiane ridotte, il che rende molto più rapida la soluzione del modello trifase disaccoppiato. Per questo motivo, la formulazione appena sviluppata viene definita "*fast decoupled three-phase load flow*"

Appunti ed osservazioni

4

ELEMENTI NON NULLI DELLA MATRICE

JACOBIANA

Si riportano nel seguito in maniera esplicita gli elementi diversi da zero che compaiono nelle sottomatrici della matrice Jacobiana (I.18).

4.1 ELEMENTI DELLA SOTTOMATRICE $\dfrac{\partial \mathbf{P}}{\partial \mathbf{\theta}}$

Gli elementi non nulli della sottomatrice $\dfrac{\partial \mathbf{P}}{\partial \mathbf{\theta}}$ sono:

$$\frac{\partial P_i^p}{\partial \theta_k^m} = V_i^p V_k^m \left(G_{ik}^{pm} \sin \theta_{ik}^{pm} - B_{ik}^{pm} \cos \theta_{ik}^{pm} \right) \quad se \quad k \le N_c + N_g \qquad (1.37)$$

eccetto:

$$\frac{\partial P_i^p}{\partial \theta_i^p} = -\left(V_i^p \right)^2 B_{ii}^{pp} - Q_i^p \qquad (1.38)$$

$$\frac{\partial P_i^p}{\partial \theta_k^1} = V_i^p \sum_{m=1}^3 V_k^1 \left(G_{ik}^{pm} \sin \theta_{ik}^{pm} - B_{ik}^{pm} \cos \theta_{ik}^{pm} \right) \quad se \quad k > N_c + N_g . \qquad (1.39)$$

Le (I.37) e le (I.38) sono relative alle derivate delle potenze attive di carico rispetto alle fasi delle tensioni nei nodi di carico e nei nodi di generazione esterni mentre le (I.39) sono relative alle derivate delle potenze attive di carico rispetto alla fase della tensione nei nodi di generazione interni.

4.2 ELEMENTI DELLA SOTTOMATRICE $\dfrac{\partial \mathbf{P}}{\partial \mathbf{V}}$

Gli elementi non nulli della sottomatrice $\dfrac{\partial \mathbf{P}}{\partial \mathbf{V}}$ sono:

$$\frac{\partial P_i^p}{\partial V_k^m} = V_i^p \left(G_{ik}^{pm} \cos\theta_{ik}^{pm} + B_{ik}^{pm} \sin\theta_{ik}^{pm} \right) \quad se \quad k \le N_c + N_g \tag{I.40}$$

eccetto:

$$\frac{\partial P_i^p}{\partial V_i^p} = V_i^p G_{ii}^{pp} + \sum_{k=1}^{N} \sum_{m=1}^{3} V_i^p \left(G_{ki}^{mp} \cos\theta_{ki}^{mp} + B_{ki}^{mp} \sin\theta_{ki}^{mp} \right) \tag{I.41}$$

$$\frac{\partial P_i^p}{\partial V_k^1} = V_i^p \sum_{m=1}^{3} \left(G_{ik}^{pm} \cos\theta_{ik}^{pm} + B_{ik}^{pm} \sin\theta_{ik}^{pm} \right) \quad se \quad k > N_c + N_g, \tag{I.42}$$

dove le (I.40) e le (I.41) si riferiscono alle derivate delle potenze attive di carico rispetto ai valori efficaci delle tensioni nei nodi di carico e nei nodi di generazione esterni mentre le (I.42) si riferiscono alle derivate delle potenze attive di carico rispetto al valore efficace della tensione nei nodi di generazione interni.

4.3 ELEMENTI DELLA SOTTOMATRICE $\dfrac{\partial \mathbf{P}^{gen}}{\partial \mathbf{\theta}}$

Gli elementi non nulli della sottomatrice $\dfrac{\partial \mathbf{P}^{gen}}{\partial \mathbf{\theta}}$ sono i seguenti:

$$\frac{\partial P_j^{gen}}{\partial \theta_k^m} = V_j^1 \sum_{p=1}^{3} V_k^m \left(G_{jk}^{pm} \sin\theta_{jk}^{pm} - B_{jk}^{pm} \cos\theta_{jk}^{pm} \right) \quad se \quad k \le N_c + N_g \tag{I.43}$$

$$\frac{\partial P_k^{gen}}{\partial \theta_k^1} = \sum_{p=1}^{3} \left(-B_{kk}^{pp} \left(V_k^1 \right)^2 + Q_k^p \right) +$$

$$+ \sum_{\substack{m=1 \\ m \neq p}}^{3} \sum_{p=1}^{3} \left(V_k^1 \right)^2 \left(G_{kk}^{pm} \sin \theta_{kk}^{pm} - B_{kk}^{pm} \cos \theta_{kk}^{pm} \right) \qquad (I.44)$$

$$se \quad k > N_c + N_g$$

dove le (I.43) si riferiscono alle derivate delle potenze attive di generazione rispetto alle fasi delle tensioni nei nodi di carico e nei nodi di generazione esterni mentre le (I.44) si riferiscono alle derivate delle potenze attive di generazione rispetto alla fase della tensione nei nodi di generazione interni.

4.4 ELEMENTI DELLA SOTTOMATRICE $\dfrac{\partial \mathbf{P}^{gen}}{\partial \mathbf{V}}$

Gli elementi non nulli della sottomatrice $\dfrac{\partial \mathbf{P}^{gen}}{\partial \mathbf{V}}$ sono i seguenti:

$$\frac{\partial P_j^{gen}}{\partial V_k^m} = \sum_{p=1}^{3} V_j^1 \left(G_{jk}^{pm} \cos \theta_{jk}^{pm} + B_{jk}^{pm} \sin \theta_{jk}^{pm} \right) \quad se \quad k \leq N_c + N_g \qquad (I.45)$$

$$\frac{\partial P_k^{gen}}{\partial V_k^1} = \sum_{p=1}^{3} \sum_{i=1}^{N} \sum_{m=1}^{3} V_i^m \left(G_{ki}^{pm} \cos \theta_{ki}^{pm} + B_{ki}^{pm} \sin \theta_{ki}^{pm} \right) +$$

$$+ \sum_{p=1}^{3} V_k^1 \sum_{m=1}^{3} \left(G_{kk}^{pm} \cos \theta_{kk}^{pm} + B_{kk}^{pm} \sin \theta_{kk}^{pm} \right) \quad se \quad k > N_c + N_g \qquad (I.46)$$

dove le (I.45) si riferiscono alle derivate delle potenze attive di generazione rispetto ai valori efficaci delle tensioni nei nodi di carico e nei nodi di generazione esterni mentre le (I.46) si riferiscono alle derivate delle potenze attive di generazione rispetto al valore efficace della tensione nei nodi di generazione interni.

4.5 ELEMENTI DELLA SOTTOMATRICE $\dfrac{\partial \mathbf{Q}}{\partial \boldsymbol{\theta}}$

Gli elementi non nulli della sottomatrice $\dfrac{\partial \mathbf{Q}}{\partial \boldsymbol{\theta}}$ sono:

$$\frac{\partial Q_i^p}{\partial \theta_k^m} = -V_i^p V_k^m \left(G_{ik}^{pm} \cos\theta_{ik}^{pm} + B_{ik}^{pm} \sin\theta_{ik}^{pm} \right) \quad se \quad k \le N_c + N_g \tag{I.47}$$

eccetto:

$$\frac{\partial Q_i^p}{\partial \theta_i^p} = -\left(V_i^p \right)^2 G_{ii}^{pp} + P_i^p \tag{I.48}$$

$$\frac{\partial Q_i^p}{\partial \theta_k^1} = -V_i^p \sum_{m=1}^{3} V_k^1 \left(G_{ik}^{pm} \cos\theta_{ik}^{pm} - B_{ik}^{pm} \sin\theta_{ik}^{pm} \right) \quad se \quad k > N_c + N_g \tag{I.49}$$

e le (I.47) e le (I.48) sono relative alle derivate delle potenze reattive di carico rispetto alle fasi delle tensioni nei nodi di carico e nei nodi di generazione esterni mentre le (I.49) sono relative alle derivate delle potenze reattive di carico rispetto alla fase della tensione nei nodi di generazione interni.

4.6 ELEMENTI DELLA SOTTOMATRICE $\dfrac{\partial \mathbf{Q}}{\partial \mathbf{V}}$

Gli elementi non nulli della sottomatrice $\dfrac{\partial \mathbf{Q}}{\partial \mathbf{V}}$ sono:

$$\frac{\partial Q_i^p}{\partial V_k^m} = V_i^p \left(G_{ik}^{pm} \sin\theta_{ik}^{pm} - B_{ik}^{pm} \cos\theta_{ik}^{pm} \right) \quad se \quad k \le N_c + N_g \tag{I.50}$$

eccetto:

$$\frac{\partial Q_i^p}{\partial V_i^p} = -V_i^p B_{ii}^{pp} + \sum_{k=1}^{N} \sum_{m=1}^{3} V_i^p \left(G_{ki}^{mp} \sin\theta_{ki}^{mp} - B_{ki}^{mp} \cos\theta_{ki}^{mp} \right) \tag{I.51}$$

$$\frac{\partial Q_i^p}{\partial V_k^1} = V_i^p \sum_{m=1}^{3} \left(G_{ik}^{pm} \sin\theta_{ik}^{pm} - B_{ik}^{pm} \cos\theta_{ik}^{pm} \right) \quad se \ \ k > N_c + N_g \tag{I.52}$$

dove le (I.50) e le (I.51) si riferiscono alle derivate delle potenze reattive di carico rispetto ai valori efficaci delle tensioni nei nodi di carico e nei nodi di generazione esterni mentre le (I.52) si riferiscono alle derivate delle potenze reattive di carico rispetto al valore efficace della tensione nei nodi di generazione interni.

4.7 ELEMENTI DELLE SOTTOMATRICI $\dfrac{\partial \mathbf{U}}{\partial \boldsymbol{\theta}}$ E $\dfrac{\partial \mathbf{U}}{\partial \mathbf{V}}$

Gli elementi delle sottomatrici $\dfrac{\partial \mathbf{U}}{\partial \boldsymbol{\theta}}$ e $\dfrac{\partial \mathbf{U}}{\partial \mathbf{V}}$ sono naturalmente funzione della legge di regolazione della tensione utilizzata. Nel caso della legge di regolazione citata a titolo di esempio nel paragrafo precedente, cioè nel caso di legge di regolazione della tensione del tipo:

$$\left(V_i^{reg}\right)^{sp} = \frac{V_i^1 + V_i^2 + V_i^3}{3}, \tag{I.53}$$

gli elementi diversi da zero delle due sottomatrici in questione sono solo i seguenti:

$$\frac{\partial U_i^p}{\partial V_i^p} = \frac{1}{3}. \tag{I.54}$$

Appunti ed osservazioni

ANALISI PROBABILISTICA IN REGIME PERMANENTE DEI SISTEMI
ELETTRICI DISSIMMETRICI

Appunti ed osservazioni

5

SOMMARIO DELLA PARTE II

L'analisi in regime permanente dei sistemi elettrici in presenza di dissimmetrie delle tensioni e di squilibri dei carichi, condotta nella parte I del volume in ambito deterministico, verrà estesa nella parte II all'ambito probabilistico.

La necessità di condurre tale analisi in ambito probabilistico deriva dal fatto che i valori assunti da alcune grandezze di ingresso al modello del sistema, come ad esempio le potenze attive e reattive richieste dai carichi, sono normalmente affetti da variazioni temporali che hanno un carattere intrinsecamente casuale.

L'applicazione di metodi probabilistici all'analisi a regime permanente dei sistemi elettrici ha fatto la sua comparsa in letteratura in [13], laddove viene proposto un metodo semplificato nel quale il sistema elettrico è schematizzato per mezzo di un modello in corrente continua, in cui le potenze attive e reattive richieste dai carichi vengono considerate come variabili aleatorie statisticamente indipendenti.

Questo modello iniziale nel corso del tempo è stato sviluppato ed esteso ad una rete in corrente alternata, prendendo in considerazione, nelle evoluzioni che si sono susseguite, la correlazione tra le potenze attive e reattive nei nodi di carico e le incertezze associate alle variabili nei nodi di generazione [14-39].

I metodi probabilistici proposti in letteratura impiegano solitamente tecniche di simulazione numerica di tipo Monte Carlo, opportune linearizzazioni del modello di base e prodotti di convoluzione con i quali vengono calcolati i parametri delle funzioni di densità di probabilità delle variabili di uscita o, più in generale, le funzioni di densità di probabilità stesse.

Tutti i lavori di ricerca citati, però, sono stati sempre riferiti a sistemi elettrici in cui non erano presenti né dissimmetrie di linea né squilibri dei carichi. Ad onor del vero, sono comparsi in letteratura alcuni lavori nei quali si è fatto riferimento ai sistemi elettrici dissimmetrici ma in essi, comunque, sono stati applicati approcci probabilistici semplificati, che, ad esempio, non portano in conto la correlazione tra le variabili aleatorie, calcolano solo i valori medi e le matrici di covarianza delle variabili di interesse o, ancora, esaminano solo reti elettriche molto semplici.

Nel presente volume, invece, vengono proposte delle tecniche probabilistiche che consentono l'analisi in regime permanente di sistemi elettrici comunque complessi ed in condizioni del tutto generali, cioè in presenza sia di dissimmetrie di linea che di squilibri dei carichi, e che consentono la valutazione delle funzioni di densità di probabilità (fdp) delle variabili aleatorie di interesse, anche in presenza di correlazione. L'interesse alla conoscenza delle fdp complete è legato al fatto che le più recenti norme relative alle dissimmetrie pongono limiti sui valori massimi o sui valori dei percentili al 95% delle fdp [45].

Le tecniche probabilistiche proposte, che saranno sviluppate in dettaglio nel prosieguo della parte II del libro, sono riportate nei lavori [2, 3]. Esse sono:

1.   la simulazione Monte Carlo Non Lineare;
2.   la simulazione Monte Carlo Linearizzata;
3.   la simulazione Monte Carlo Multi-Linearizzata;
4.   il metodo della convoluzione;
5.   il metodo delle funzioni approssimanti.

La prima tecnica consiste nell'applicazione della simulazione Monte Carlo alle equazioni non lineari del load flow trifase. La seconda e la terza tecnica consistono nell'applicazione del metodo Monte Carlo alle equazioni di load flow trifase linearizzate nell'intorno di un punto (Monte Carlo Linerizzato) o nell'intorno di più punti (Monte Carlo Multi-Linearizzato). La quarta tecnica è basata sulla procedura di convoluzione applicata a partire dalle equazioni di load flow trifase linearizzate. La quinta ed ultima tecnica proposta, infine, consiste nella valutazione delle funzioni di densità di probabilità di interesse per mezzo di appropriate funzioni approssimanti (polinomi di Pearson).

6

IL METODO PROBABILISTICO DEI FLUSSI DI

POTENZA IN REGIME DISSIMMETRICO

Il modello matematico in regime permanente di un sistema elettrico trifase dissimmetrico è costituito dalle equazioni (I.9)-(I.12) della parte I, che si riportano qui di seguito per chiarezza di esposizione:

$$(\mathbf{P})^{sp} = \mathbf{P}(\mathbf{V}, \mathbf{\theta}) \tag{I.9}$$

$$\left(\mathbf{P}^{gen}\right)^{sp} = \mathbf{P}^{gen}(\mathbf{V}, \mathbf{\theta}) \tag{I.10}$$

$$(\mathbf{Q})^{sp} = \mathbf{Q}(\mathbf{V}, \mathbf{\theta}) \tag{I.11}$$

$$\left(\mathbf{U}^{reg}\right)^{sp} = \mathbf{U}(\mathbf{V}, \mathbf{\theta}). \tag{I.12}$$

In tali equazioni, se si tiene conto della natura aleatoria delle variabili presenti, si ha che:

▸ $\mathbf{V}$ è il vettore aleatorio dei moduli delle tensioni di fase nei nodi di carico e nei nodi di generazione;

▸ $\mathbf{\theta}$ è il vettore aleatorio degli argomenti delle tensioni di fase nei nodi di carico e nei nodi di generazione;

▸ $\left(\mathbf{P}^{gen}\right)^{sp}$ è il vettore aleatorio delle potenze attive trifase nei nodi interni di generazione ad eccezione dello slack;

▸ $(\mathbf{P})^{sp}$ è il vettore aleatorio delle potenze attive di fase nei nodi di carico e nei nodi esterni di generazione;

▸ $(\mathbf{Q})^{sp}$ è il vettore aleatorio delle potenze reattive di fase nei nodi di carico e nei nodi esterni di generazione;

▸ $\left(\mathbf{U}^{reg}\right)^{sp}$ è il vettore aleatorio dei valori di riferimento dei regolatori di tensione dei generatori.

Nel sistema di equazioni di load flow trifase probabilistico, espresso dalle relazioni (I.9)-(I.12), i vettori aleatori costituenti gli ingressi del modello sono naturalmente le componenti dei vettori $\left(\mathbf{P}^{gen}\right)^{sp}$, $\left(\mathbf{P}\right)^{sp}$, $\left(\mathbf{Q}\right)^{sp}$, $\left(\mathbf{U}^{reg}\right)^{sp}$ mentre le componenti dei vettori $\mathbf{V}$ e $\boldsymbol{\theta}$ sono ovviamente le variabili aleatorie di uscita.

Le equazioni (I.9)-(I.12) possono essere espresse in forma più compatta facendo uso della notazione seguente:

$$g_S(\mathbf{X}) = \mathbf{T} \tag{II.1}$$

nella quale $\mathbf{X}$ è il vettore aleatorio delle variabili di stato del sistema elettrico (moduli ed argomenti delle tensioni monofase nei nodi) e $\mathbf{T}$ è il vettore aleatorio delle grandezze di ingresso del sistema (cioè $\left(\mathbf{P}^{gen}\right)^{sp}$, $\left(\mathbf{P}\right)^{sp}$, $\left(\mathbf{Q}\right)^{sp}$ e $\left(\mathbf{U}^{reg}\right)^{sp}$).

Partendo dal sistema di equazioni (II.1) ed adoperando opportune tecniche di analisi probabilistica è possibile determinare le funzioni di densità di probabilità delle variabili di stato a partire dalla conoscenza delle funzioni di densità di probabilità delle variabili di ingresso.

Nel seguito, pertanto, si procederà dapprima alla caratterizzazione statistica delle variabili aleatorie di ingresso e, poi, verranno illustrate le tecniche di analisi probabilistica sviluppate per giungere alla caratterizzazione delle variabili aleatorie di uscita.

7

CARATTERIZZAZIONE DELLE VARIABILI
ALEATORIE IN INGRESSO DEL MODELLO

Come detto nel capitolo precedente, l'analisi del modello matematico dei sistemi elettrici trifase dissimmetrici conduce all'identificazione di un insieme di variabili di ingresso e di un insieme di variabili di uscita del modello stesso.

Una volta identificate le variabili di ingresso e di uscita del modello occorre procedere alla loro caratterizzazione probabilistica. In particolare, nel presente capitolo verrà sviluppata la caratterizzazione probabilistica delle variabili aleatorie di ingresso.

L'insieme delle variabili aleatorie di ingresso del modello matematico probabilistico del sistema elettrico trifase dissimmetrico può essere indicato con il vettore T, definito nella maniera seguente:

$$\mathbf{T} = \begin{bmatrix} \mathbf{T}_1 & \mathbf{T}_2 & \mathbf{T}_3 \end{bmatrix}^T \tag{II.2}$$

nel quale il vettore $\mathbf{T}_1$ indica le potenze, attive e reattive, di ciascuna fase nei nodi di carico, il vettore $\mathbf{T}_2$ indica le potenze attive trifase nei nodi interni di generazione ad eccezione del nodo slack ed il vettore $\mathbf{T}_3$ indica i riferimenti dei regolatori di tensione nei nodi esterni di generazione.

Facendo uso della consueta notazione, introdotta nella parte I, i tre vettori citati si possono scrivere come:

$$\mathbf{T}_1 = \begin{bmatrix} P_1^1 & \dots & P_1^3 & Q_1^1 & \dots & Q_1^3 & \dots \\ P_{N_c}^1 & \dots & P_{N_c}^3 & Q_{N_c}^1 & \dots & Q_{N_c}^3 \end{bmatrix}^T \tag{II.3}$$

$$\mathbf{T}_2 = \begin{bmatrix} P_{N_c+N_g+1}^{gen} & \dots & P_{N-1}^{gen} \end{bmatrix}^T \tag{II.4}$$

$$\mathbf{T}_3 = \begin{bmatrix} U_{N_c+1}^{reg} & \cdots & U_{N_c+N_g}^{reg} \end{bmatrix}^{\mathrm{T}}.$$

(II.5)

7.1 POTENZE, ATTIVE E REATTIVE, DI FASE NEI NODI DI CARICO

Per quanto concerne la caratterizzazione probabilistica delle potenze attive e reattive di fase nei nodi di carico, che costituiscono il vettore di ingresso $\mathbf{T}_1$, essa è stata analizzata nella letteratura scientifica, sia nel caso di dipendenza che di indipendenza statistica, con riferimento a carichi di tipo equilibrato.

In particolare, le potenze attive e reattive in un generico nodo di carico '*i*' spesso sono considerate variabili aleatorie le cui funzioni di densità di probabilità (fdp) sono delle gaussiane, in virtù del fatto che la potenza totale in un nodo di carico si può ritenere costituita dalla somma di numerosi contributi elementari e, pertanto, si può ritenere valido il teorema del limite centrale.

Per quanto riguarda, poi, il problema della dipendenza o indipendenza statistica tra le potenze attive e reattive di carico, che, quindi, implica l'uso di fdp gaussiane congiunte o marginali, esso viene trattato distinguendo il caso in cui si prendano in esame scenari a lungo termine dal caso in cui gli scenari esaminati riguardino il breve periodo.

Nel caso di scenari a lungo termine, infatti, si usa assumere l'indipendenza statistica tra le potenze attive e reattive nei nodi di carico; pertanto le variazioni aleatorie di tali potenze, sia nel medesimo nodo che in nodi distinti, sono considerate tra loro indipendenti. Ciò vuol dire che la covarianza tra le suddette grandezze risulta nulla e cioè:

$$\begin{aligned}
\mathrm{cov}(P_i, P_j) &= 0 \\
\mathrm{cov}(P_i, Q_j) &= 0 \\
\mathrm{cov}(Q_i, P_j) &= 0 \\
\mathrm{cov}(Q_i, Q_j) &= 0.
\end{aligned}$$

(II.6)

Nel caso di scenari a breve termine, invece, si nota che carichi localizzati in una medesima area geografica tendono a presentare variazioni aleatorie in qualche modo connesse tra loro, ad esempio variazioni crescenti o decrescenti in maniera simile. Ciò è dovuto soprattutto al fatto che in una medesima area geografica le abitudini lavorative, lo stile di vita, le condizioni meteorologiche ed altri fattori di tal genere che influenzano l'andamento della domanda di energia elettrica tendono ad essere simili, il che comporta dal punto di vista tecnico una non trascurabile correlazione tra le potenze di carico.

In casi di questo genere, cioè laddove sia presente una dipendenza statistica tra le potenze attive e reattive nei nodi di carico, la caratterizzazione di tali potenze si ottiene tramite l'assegnazione del vettore dei loro valori attesi e della loro matrice di covarianza.

La caratterizzazione probabilistica delle potenze di carico attive e reattive nel caso dei carichi di tipo squilibrato risulta alquanto complessa, a causa del fatto che ora occorre considerare le potenze in ciascuna fase del generico nodo di carico e, inoltre, non sono disponibili dati storici da misure in numero adeguato allo scopo. Ne segue che in letteratura, nei pochi casi in cui sono stati esaminati sistemi elettrici con carichi squilibrati, sono state proposte per la caratterizzazione di questi ultimi delle rappresentazioni sostanzialmente simili a quelle utilizzate per i carichi equilibrati.

Sono state adottate, pertanto, funzioni di densità di probabilità di tipo gaussiano, la cui definizione, nel caso più generale in cui si porti in conto la correlazione tra le varie potenze, richiede la conoscenza del vettore dei valori medi e della matrice di covarianza, dati da:

$$
\mu(\mathbf{PQ}) = \left[\mu\!\left(P_1^1\right) \ \ldots \ \mu\!\left(P_1^3\right) \ \mu\!\left(Q_1^1\right) \ \ldots \ \mu\!\left(Q_1^3\right) \ \ldots \right.
$$
$$
\left. \mu\!\left(P_{N_c}^1\right) \ \ldots \ \mu\!\left(P_{N_c}^3\right) \ \mu\!\left(Q_{N_c}^1\right) \ \ldots \ \mu\!\left(Q_{N_c}^3\right) \right]
$$

(II.7)

$$
\mathrm{cov}(\mathbf{PQ}) =
\begin{bmatrix}
\sigma_{P_1^1}^2 & \rho_{P_1^1 P_1^2}\sigma_{P_1^1}\sigma_{P_1^2} & \cdots & \cdots & \rho_{P_1^1 Q_{N_c}^3}\sigma_{P_1^1}\sigma_{Q_{N_c}^3} \\
\rho_{P_1^2 P_1^1}\sigma_{P_1^2}\sigma_{P_1^1} & \sigma_{P_1^2}^2 & & & \cdots \\
\cdots & & \cdots & & \cdots \\
\cdots & & & \cdots & \cdots \\
\rho_{Q_{N_c}^3 P_1^1}\sigma_{Q_{N_c}^3}\sigma_{P_1^1} & \cdots & & \cdots \cdots & \sigma_{Q_{N_c}^3}^2
\end{bmatrix}.
$$

(II.8)

Nel presente volume, invece, vengono considerate, per le variabili aleatorie in ingresso al modello matematico di load flow trifase dissimmetrico, funzioni di densità di probabilità tanto di tipo gaussiano quanto di tipo bimodale.

7.2 POTENZE ATTIVE TRIFASE NEI NODI DI GENERAZIONE

La caratterizzazione probabilistica delle potenze attive di generazione nei sistemi elettrici trifase dissimmetrici, che costituiscono il vettore di ingresso T_2 definito tramite la (II.4), risulta meno complessa di quella delle potenze attive e reattive di carico. Ciò in virtù del fatto che nel caso delle potenze attive di generazione non ci sono differenze tra sistemi elettrici trifase simmetrici e dissimmetrici, in quanto anche per i sistemi dissimmetrici si considerano come variabili aleatorie di ingresso al modello matematico le potenze attive trifase.

Per la caratterizzazione di tali potenze, si può fare riferimento ad una distribuzione di probabilità stimata a partire dalle potenze attive richieste nei nodi di carico [26]. Facendo uso, pertanto, per le singole unità di produzione di energia elettrica di una legge di dispacciamento lineare che sia conforme a questo criterio, si ha che la potenza attiva trifase prodotta nei nodi interni di generazione ad eccezione del nodo slack si può esprimere come:

$$P_j^{gen} = a_j + b_j \sum_{p=1}^{3} \sum_{k=1}^{N_c+N_g} P_k^p \tag{II.9}$$

$$j = N_c + N_g + 1, ..., N - 1$$

dove i valori dei coefficienti a_j e b_j sono assunti deterministici.

Se i carichi sono rappresentati con fdp gaussiane, in base alla legge di dispacciamento (II.9), è evidente che le variabili aleatorie rappresentative delle potenze attive trifase prodotte nei nodi di generazione interni ad eccezione di quello di saldo sono caratterizzate da funzioni di densità di probabilità di tipo gaussiano, in quanto sono date dalla combinazione lineare delle potenze attive di fase.

Nel caso più generale, nell'applicazione di tecniche probabilistiche che non richiedano come ingressi le funzioni di densità di probabilità ma solo alcuni dei loro momenti, per caratterizzare probabilisticamente le potenze attive trifase di generazione, è necessario, per i motivi che risulteranno chiari nel seguito, calcolare la media, la varianza, i coefficienti di correlazione ed eventualmente i momenti statistici fino al quarto ordine di tali variabili, ancora una volta a partire dalla (II.9).

Dalle (II.9) si ottiene che il valore medio della potenza attiva trifase prodotta nel generico nodo interno di generazione (eccetto lo slack) 'j' è data da:

$$\mu\left(P_j^{gen}\right) = a_j + b_j \sum_{p=1}^{3} \sum_{k=1}^{N_c+N_g} \mu\left(P_k^p\right) \tag{II.10}$$

mentre la varianza della medesima potenza è data da:

$$\sigma_{P_j^{gen}}^2 = b_j^2 \left[\sum_{p=1}^{3} \sum_{i=1}^{N_c+N_g} \sum_{m=1}^{3} \sum_{k=1}^{N_c+N_g} \text{cov}\left(P_i^p, P_k^m\right) \right]. \tag{II.11}$$

Dalla relazione (II.11), poi, segue che:

$$\text{cov}\left(P_i^p, P_k^m\right) = \rho_{P_i^p P_k^m} \sigma_{P_i^p} \sigma_{P_k^m} \tag{II.12}$$

pertanto la (II.11) si può riscrivere come:

$$\sigma_{P_j^{gen}}^2 = b_j^2 \left[\sum_{p=1}^{3} \sum_{i=1}^{N_c+N_g} \sum_{m=1}^{3} \sum_{k=1}^{N_c+N_g} \rho_{P_i^p P_k^m} \sigma_{P_i^p P_k^m} \right]. \tag{II.13}$$

Per quanto concerne, poi, la determinazione dei coefficienti di correlazione tra le potenze attive trifase di generazione, dalla legge di dispacciamento lineare (II.9) si deduce che la relazione che intercorre tra due generiche potenze attive trifase generate P_i^{gen} e P_j^{gen} è anch'essa di tipo lineare, poiché si ha:

$$P_j^{gen} = a_j - \frac{b_j}{b_i} a_i + \frac{b_j}{b_i} P_i^{gen} = k_{ij} + h_{ij} P_i^{gen}$$

$$k_{ij} = a_j - \frac{b_j}{b_i} a_i \tag{II.14}$$

$$h_{ij} = \frac{b_j}{b_i}$$

e, pertanto, il coefficiente di correlazione tra le due generiche potenze trifase considerate è dato da:

$$\rho_{P_j^{gen} P_i^{gen}} = 1. \tag{II.15}$$

La caratterizzazione delle potenze attive trifase prodotte, in qualche caso, può essere suscettibile di una semplificazione. Infatti, può accadere che le potenze attive trifase generate siano in effetti correlate alle potenze attive non di tutti i nodi di carico ma solo di alcuni di essi, il che comporta la determinazione di specifiche aree geografiche di correlazione. In una situazione di tal genere, la caratterizzazione probabilistica delle potenze attive trifase generate può essere agevolmente ottenuta tramite il metodo su esposto, semplicemente andando a modificare gli estremi delle sommatorie che compaiono nella relazione (II.9), una volta note le aree di correlazione.

Vi è poi da osservare anche che dall'analisi della relazione (II.9) si deduce che c'è una precisa correlazione statistica tra le potenze attive monofase di carico e le potenze attive trifase di generazione. Il coefficiente di correlazione tra la potenza attiva trifase generata nel generico nodo 'j' (P_j^{gen}) e la potenza attiva di carico nella fase 'p' del generico nodo 'i' (P_i^p) è dato da:

$$\rho_{P_j^{gen}P_i^p} = \frac{\text{cov}\left(P_j^{gen}, P_i^p\right)}{\sigma_{P_j^{gen}}\sigma_{P_i^p}};$$
(II.16)

sostituendo, pertanto, in tale espressione la relazione (II.9), dopo gli opportuni passaggi matematici si ottiene:

$$\rho_{P_j^{gen}P_i^p} = \frac{b_j \sum_{m=1}^{3} \sum_{k=1}^{N_c+N_g} \rho_{P_k^m P_i^p}\sigma_{P_k^m}}{\sigma_{P_j^{gen}}}.$$
(II.17)

In definitiva, quindi, resta individuata la matrice di covarianza che caratterizza le correlazioni tra le potenze attive di fase dei carichi e le potenze attive trifase dei generatori:

$$\text{cov}\left(\mathbf{PP}^{gen}\right) = \begin{bmatrix} \sigma_{P_1^1}^2 & \rho_{P_1^1P_1^2}\sigma_{P_1^1}\sigma_{P_1^2} & \cdots & \cdots & \rho_{P_1^1P_{N-1}^{gen}}\sigma_{P_1^1}\sigma_{P_{N-1}^{gen}} \\ \rho_{P_1^2P_1^1}\sigma_{P_1^2}\sigma_{P_1^1} & \sigma_{P_1^2}^2 & & & \cdots \\ \cdots & & \cdots & & \cdots \\ \cdots & & & \cdots & \cdots \\ \rho_{P_{N-1}^{gen}P_1^1}\sigma_{P_{N-1}^{gen}}\sigma_{P_1^1} & \cdots & & \cdots \cdots & \sigma_{P_{N-1}^{gen}}^2 \end{bmatrix}.$$
(II.18)

Nella (II.18) la generica varianza $\sigma_{P_j^{gen}}^2$ viene calcolata tramite la relazione (II.13) tenendo conto della (II.15), la generica varianza $\sigma^2_{P^p_i}$ viene valutata per mezzo della (II.8),

il generico coefficiente di correlazione $\rho_{P^p_i P^{gen}_j}$ viene calcolato

tramite la (II.17) ed il generico coefficiente di correlazione $\rho_{P^p_i P^m_j}$,

infine, viene valutato per mezzo della (II.8).

Per quanto riguarda, poi, i coefficienti di correlazione tra le potenze attive trifase di generazione e le potenze reattive di carico, la loro determinazione è immediata.

7.3 MODULI DELLE TENSIONI NEI NODI DI GENERAZIONE

Con riferimento alla caratterizzazione probabilistica delle ampiezze delle tensioni nei nodi di generazione, le quali costituiscono le componenti del vettore di ingresso T₃ definito tramite la (II.5), si può osservare che nella letteratura scientifica i *set-points* dei regolatori di tensione dei nodi esterni di generazione sono solitamente considerati come grandezze di tipo deterministico. In qualche raro caso, tali grandezze sono considerate variabili aleatorie, utilizzando per la loro rappresentazione le variabili aleatorie discrete con funzioni di densità di probabilità legate alle modalità di gestione della potenza reattiva immessa in rete nei nodi di generazione.

In questo libro, si ipotizza che i *set-points* dei regolatori di tensione dei generatori sincroni non vengano variati e, pertanto, le ampiezze delle tensioni nei nodi esterni di generazione vengono ritenute grandezze deterministiche.

7.4 ELEMENTI DELLA MATRICE DELLE AMMETTENZE NODALI

In generale, non soltanto gli elementi del vettore delle grandezze di ingresso T del modello matematico del sistema elettrico trifase dissimmetrico sono da considerarsi di natura aleatoria, ma anche gli elementi della matrice delle ammettenze nodali del sistema stesso sono caratterizzati da una certa incertezza.

Tale incertezza è associata alla struttura del sistema e, per una determinata struttura, ai valori assunti dai parametri elettrici dei circuiti equivalenti dei componenti in esso presenti.

In particolare, la natura aleatoria della struttura del sistema elettrico discende dal fatto che su di esso possono essere eseguite operazioni di riconfigurazione, di distacco programmato o non programmato di componenti e così via.

Situazioni di tal genere si presentano, ad esempio, nel caso di interventi di manutenzione, che implicano la disconnessione programmata di componenti oppure nel caso di eventi di guasto, che implicano il distacco non programmato di componenti e la necessità di riconfigurare opportunamente la rete. Ne segue che la caratterizzazione probabilistica del sistema può essere effettuata, una volta che sia stato identificato l'insieme delle possibili configurazioni alternative che la rete può assumere per significativi intervalli di tempo, ricorrendo all'uso di un'opportuna variabile aleatoria discreta con funzione di densità di probabilità associata all'ampiezza degli intervalli di tempo di permanenza della rete in ciascuna delle configurazioni individuate.

Nel libro, per opportuna semplificazione operativa e senza inficiare in alcun modo la generalità della trattazione, la struttura della rete è stata assunta nota con certezza e fissata all'interno dell'intervallo di tempo in esame, rimandando a quanto esposto in [40] per la trattazione di situazioni in cui la rete in studio presenti molteplici possibili configurazioni nell'ambito dell'intervallo di tempo complessivamente considerato.

Per quanto riguarda, poi, i valori dei parametri elettrici relativi ai circuiti equivalenti dei componenti del sistema elettrico, si può rilevare che nella letteratura scientifica essi sono assunti solitamente di tipo deterministico e, pertanto, anche nella presente volume sono considerati come tali.

8

TECNICHE PROBABILISTICHE PER LA CARATTERIZZAZIONE DELLE VARIABILI ALEATORIE IN USCITA DEL MODELLO

Una volta caratterizzate le variabili aleatorie di ingresso del modello, occorre procedere alla caratterizzazione delle variabili aleatorie di uscita.

Come detto in precedenza, per effettuare la caratterizzazione delle variabili di uscita del modello matematico di un sistema elettrico trifase dissimmetrico, nel presente volume vengono proposte le seguenti tecniche:

▸ la simulazione Monte Carlo Non Lineare;
▸ la simulazione Monte Carlo Linearizzata;
▸ la simulazione Monte Carlo Multi-Linearizzata;
▸ il metodo della convoluzione;
▸ il metodo delle funzioni approssimanti.

8.1 METODO MONTE CARLO NON LINEARE

La procedura Monte Carlo Non Lineare consiste, in sintesi, nel risolvere le equazioni di load flow trifase (II.1) un elevato numero di volte, assumendo in corrispondenza di ciascuna risoluzione come vettore delle variabili di ingresso T un insieme di valori di tali variabili generato in accordo con le loro proprie funzioni di densità di probabilità. Tale processo viene ripetuto un numero di volte sufficientemente elevato allo scopo di ottenere un'adeguata accuratezza nella stima delle funzioni di densità di probabilità delle variabili di uscita contenute nel vettore X.

Per chiarezza di esposizione, la procedura Monte Carlo Non Lineare viene sintetizzata in forma di schema a blocchi nella figura II.1 e viene discussa in dettaglio di seguito.

Si genera un insieme di valori delle variabili aleatorie di ingresso in coerenza con le funzioni di densità di probabilità delle stesse, così come determinate nel capitolo 7.

Partendo dal vettore di ingresso così generato, applicando il metodo di Newton-Raphson descritto nella parte I, viene risolto il sistema di equazioni non lineare del load flow trifase (II.1), cioè il sistema costituito dalle (I.9)-(I.12), andando così a determinare, una volta raggiunta la convergenza, le condizioni di esercizio in regime permanente del sistema elettrico in corrispondenza della realizzazione prefissata del vettore di ingresso.

A questo punto, i valori delle variabili di stato relativi alla condizione di ingresso generata vengono immagazzinati e si procede al passo successivo, utilizzando come valori attuali del vettore di ingresso **T** un nuovo insieme di valori delle variabili aleatorie, sempre generato coerentemente con le loro funzioni di densità di probabilità assegnate e ricavandone un nuovo vettore di stato **X**, a sua volta immagazzinato.

Questa procedura viene ripetuta un sufficiente numero di volte, dipendente dall'accuratezza desiderata nella stima delle funzioni di densità di probabilità delle variabili di stato, ottenendo in tal modo un insieme di valori delle variabili di stato sulla base dei quali viene valutata la loro distribuzione di probabilità.

In questo modo, il problema della determinazione delle funzioni di densità di probabilità delle variabili aleatorie di uscita del modello di un sistema elettrico trifase dissimmetrico viene ricondotto alla risoluzione delle equazioni del load flow trifase (II.1), ripetuta un elevato numero di volte, considerando però ogni volta un problema di tipo deterministico[1].

Il numero di simulazioni della procedura viene scelto allo scopo di assicurare un prefissato livello di accuratezza nella

---

[1] Per ottenere la caratterizzazione probabilistica delle variabili dipendenti si può considerare un legame del tipo:

$$\mathbf{D} = g_D(\mathbf{X})$$

nel quale **X** indica il vettore aleatorio delle variabili di stato del sistema elettrico, **D** indica il vettore aleatorio delle variabili dipendenti (ad esempio i flussi di potenza sulle linee oppure i fattori di dissimmetria nei nodi trifase) e g_D indica la ben nota dipendenza funzionale tra le variabili citate.

stima delle distribuzioni di probabilità delle variabili aleatorie di uscita. A tal proposito, occorre notare che attraverso il metodo Monte Carlo le funzioni di densità di probabilità delle variabili aleatorie di uscita vengono stimate, essendo il numero di simulazioni un numero finito. In altre parole, tramite la procedura di analisi in oggetto (e, più in generale, tramite tutti i metodi di tipo Monte Carlo), si giunge ad una stima dei parametri statistici caratterizzanti una certa popolazione tramite l'esame di un campione di elementi della popolazione stessa, ottenuto come uscita del metodo Monte Carlo.

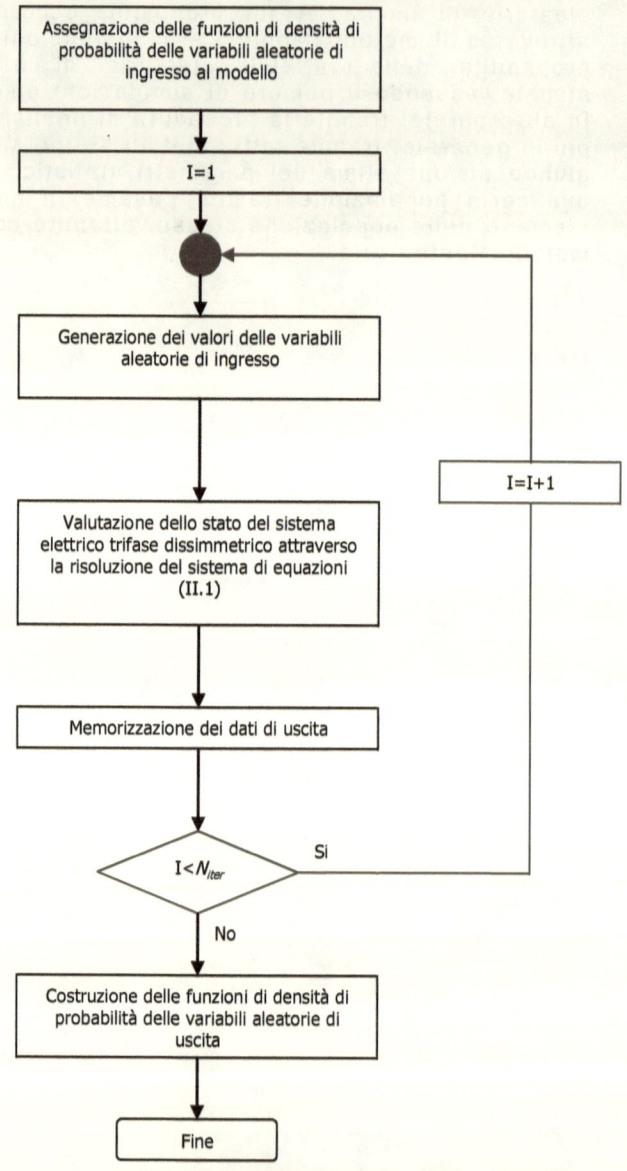

Figura II.1
Diagramma di flusso della procedura Monte Carlo Non Lineare applicata all'analisi
probabilistica in regime permanente dei sistemi elettrici trifase dissimmetrici

Ciò implica che ci sarà un certo errore nella stima così effettuata ed il criterio di convergenza utilizzato per stabilire quante volte la procedura debba essere ripetuta, cioè per stabilire da quanti elementi debba essere composto il campione ottenuto in uscita dalla procedura stessa, si deve appunto basare sull'accuratezza che si desidera raggiungere nella stima dei parametri statistici di interesse.

A questo proposito, si definisce *"errore standard"* nella stima di un generico parametro statistico di una popolazione, per mezzo di una valutazione dello stesso basata sull'analisi di un campione della popolazione medesima, la deviazione standard della funzione di densità di probabilità del parametro statistico in questione al variare del campione esaminato [46].

L'espressione dell'errore standard è diversa al variare del parametro statistico considerato e, nell'ambito delle attività di ricerca riportate in questo libro, si farà riferimento alle relazioni che esprimono l'errore standard nella stima della media, della varianza, della deviazione standard e dei percentili al 95%, al 99% ed al 99.9%. Tali espressioni, riportate nella tabella II.1, sono state ricavate nell'ipotesi che, al variare del numero di elementi costituenti il campione ottenuto in uscita dalla simulazione Monte Carlo, la distribuzione di probabilità della popolazione dalla quale il campione medesimo viene estratto sia di tipo gaussiano.

Nella suddetta tabella, σ indica la deviazione standard della popolazione dalla quale viene estratto il campione, espressa in valore assoluto e N_{iter} indica il numero di elementi che compongono il campione esaminato, vale a dire il numero di iterazioni utilizzate nella procedura Monte Carlo.

E' ovvio che la deviazione standard della popolazione non è nota ma di solito essa può essere bene approssimata per mezzo della deviazione standard del campione esaminato, a patto che il numero di elementi che compongono quest'ultimo sia sufficientemente elevato. Ne segue che le formule riportate nella tabella II.1 possono essere applicate con buona approssimazione sostituendo alla deviazione standard σ della popolazione dalla quale viene estratto il campione quella del campione stesso.

Per stabilire quante volte ripetere la procedura Monte Carlo, allora, in [47] è stato proposto di utilizzare il metodo di seguito illustrato e preso in esame nel presente volume.

Tabella II.1
Errore standard nella stima dei parametri statistici di una popolazione di tipo gaussiano a partire da un campione di elementi della medesima

Parametro statistico stimato	Errore standard nella stima	
Media	$\dfrac{\sigma}{\sqrt{N_{iter}}}$	(II.19)
Varianza	$\sigma^2 \sqrt{\dfrac{2}{N_{iter}}}$	(II.20)
Deviazione standard	$\dfrac{\sigma}{\sqrt{2N_{iter}}}$	(II.21)
Percentile al 95%	$2.1139 \dfrac{\sigma}{\sqrt{N_{iter}}}$	(II.22)
Percentile al 99%	$3.7547 \dfrac{\sigma}{\sqrt{N_{iter}}}$	(II.23)
Percentile al 99.9%	$9.5779 \dfrac{\sigma}{\sqrt{N_{iter}}}$	(II.24)

Considerando una generica variabile di stato X_i e facendo riferimento, a titolo di esempio, alla stima del suo valore medio, tenendo conto dell'errore standard espresso dalla (II.19) riportata nella tabella II.1, si può considerare come criterio di convergenza il raggiungimento di un valore massimo assunto dal seguente coefficiente di variazione della stima stessa [47]:

$$\beta^2 = \frac{\sigma^2[\mu(X_i)]}{\mu^2(X_i)} \tag{II.25}$$

laddove l'incertezza nella stima del valor medio della popolazione è valutata tramite la varianza della media campionaria $\sigma^2[\mu(X_i)]$, espressa come:

$$\sigma^2[\mu(X_i)] = \frac{\sigma^2(X_i)}{N_{iter}} = (E.S.)^2_{media}. \tag{II.26}$$

dove con $(E.S.)^2_{media}$ si indica il quadrato dell'errore standard nella stima della media espresso dalla relazione (II.19) in tabella II.1.

Nella (II.26) la varianza della generica variabile aleatoria di stato X_i deve essere stimata per via numerica ed N_{iter} rappresenta il numero di iterazioni Monte Carlo necessarie affinché sia verificato il criterio di convergenza prefissato, cioè affinché il valore del coefficiente di variazione β sia inferiore a quello prestabilito.

Il coefficiente di variazione β definito tramite la (II.25) è utilizzato nella determinazione del criterio di convergenza nella stima del valor medio di una variabile aleatoria, fermo restando però che occorre definire analoghi coefficienti di variazione per stabilire criteri di accuratezza nella stima degli altri parametri caratterizzanti una generica funzione di densità di probabilità; come procedere in tali casi risulta a questo punto ovvio e, pertanto, non viene qui riportato. E' altresì evidente che, se i parametri da stimare sono più di uno, si assumerà il valore di N_{iter} più restrittivo, cioè quello più elevato.

8.2 METODO MONTE CARLO LINEARIZZATO

La procedura Monte Carlo Linearizzata consiste, in sintesi, nel risolvere, in ciascun passo di una procedura Monte Carlo classica, un sistema di equazioni di load flow trifase linearizzato invece del sistema di equazioni non lineare (II.1). Questa tecnica, che consente una notevole riduzione del tempo di calcolo, richiede che vengano effettuati due passi preliminari, necessari a determinare il sistema di equazioni linearizzato che deve essere inserito all'interno della simulazione Monte Carlo.

Per chiarezza di esposizione, la procedura Monte Carlo Linearizzata viene sintetizzata in forma di schema a blocchi nella figura II.2.

Nella procedura in oggetto, la prima operazione da effettuare consiste nel risolvere un load flow trifase deterministico, considerando come ingressi al modello matematico i valori medi $\mu(\mathbf{T})$ delle funzioni di densità di probabilità delle variabili costituenti il vettore aleatorio $\mathbf{T}$ di ingresso al modello matematico probabilistico del sistema elettrico trifase dissimmetrico.

Determinato in tal modo il vettore di stato soluzione del problema di load flow trifase deterministico in oggetto, cioè il vettore di stato $\mathbf{X}_0$ tale che:

$$g_S(\mathbf{X}_0) = \mu(\mathbf{T}) \tag{II.27}$$

si procede ad effettuare il secondo passo preliminare, che consiste nella linearizzazione delle equazioni di load flow trifase (II.1) attorno al punto soluzione individuato al passo precedente. Il risultato di tale linearizzazione è la seguente equazione:

$$\mathbf{X} \cong \mathbf{X}_0 + \mathbf{J}_0^{-1}[\mathbf{T} - \mu(\mathbf{T})] \tag{II.28}$$

nella quale $\mathbf{J}_0$ indica la matrice Jacobiana valutata in $\mathbf{X}_0$.

La relazione (II.28) esprime ciascuna variabile aleatoria contenuta nel vettore di uscita $\mathbf{X}$ come combinazione lineare delle variabili aleatorie contenute nel vettore di ingresso $\mathbf{T}$. Questa relazione vettoriale viene inserita in una simulazione Monte Carlo classica al fine di stimare le funzioni di densità di probabilità approssimate dei componenti del vettore di stato $\mathbf{X}$, partendo, come al solito, dalla conoscenza delle funzioni di densità di probabilità dei componenti del vettore di ingresso $\mathbf{T}$.

Per quanto riguarda, poi, la determinazione del numero di iterazioni N_{iter} da utilizzare nell'applicazione della procedura Monte Carlo Linearizzata, valgono le stesse considerazioni svolte nel caso della procedura Monte Carlo Non Lineare.

Da quanto detto è evidente che, poiché le equazioni di load flow trifase (II.1) vengono linearizzate attorno alla regione dei valori attesi delle variabili aleatorie di uscita, qualunque allontanamento dei valori delle variabili di ingresso dalla propria regione dei valori attesi produrrà presumibilmente un errore, che, in generale, diventerà tanto più elevato quanto più è grande la varianza di tali variabili, con un'entità che è connessa alla non linearità del sistema di equazioni originale.

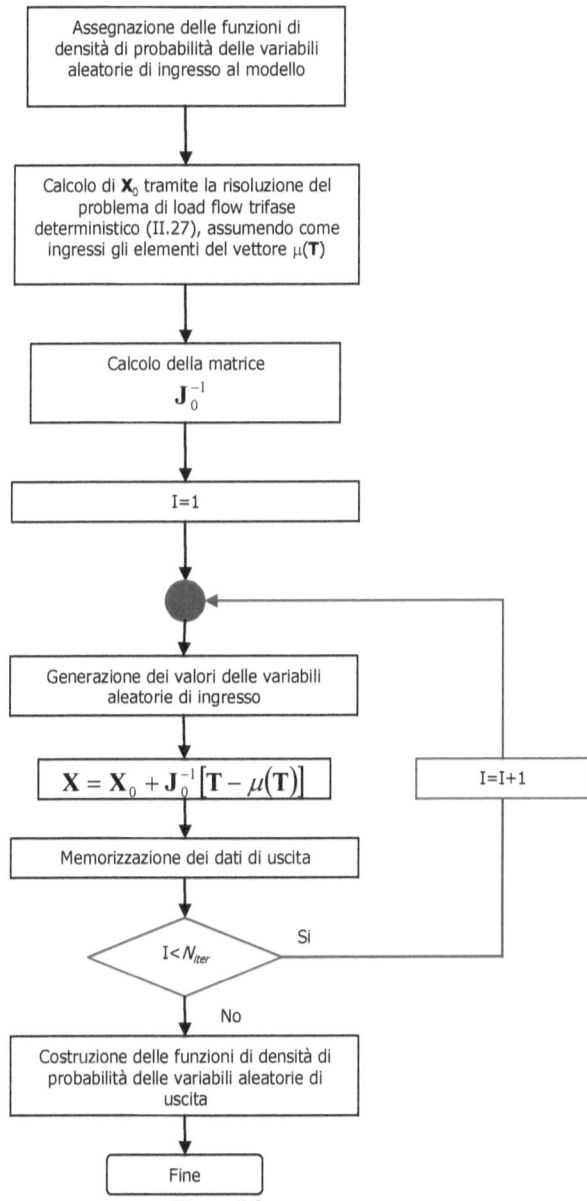

Figura II.2
Diagramma di flusso della procedura Monte Carlo Linearizzata applicata all'analisi
probabilistica in regime permanente dei sistemi elettrici trifase dissimmetrici

Rispetto al caso della simulazione Monte Carlo Non Lineare, l'utilizzo della simulazione Monte Carlo Linearizzata comporta una notevole riduzione dell'onere computazionale e, quindi, dei tempi di calcolo. Ciò è dovuto al fatto che l'onere computazionale richiesto dal Monte Carlo Linearizzato consiste in pratica nella risoluzione attraverso la procedura Newton-Raphson di un solo problema di load flow trifase deterministico non lineare, vale a dire quello considerato nella determinazione del punto di linearizzazione e nell'applicazione ripetuta N_{iter} volte delle equazioni linearizzate in forma chiusa (II.28), che richiedono di per sé un onere computazionale minimo. Il Monte Carlo Non Lineare, invece, richiede la soluzione di N_{iter} problemi di load flow trifase deterministico non lineare attraverso l'applicazione del metodo Newton-Raphson, quindi l'onere computazionale necessario in quest'ultimo caso è circa N_{iter} volte maggiore di quello richiesto nel caso precedente. Quanto qui osservato sarà confermato dall'analisi delle applicazioni numeriche svolta al capitolo III.

8.3 METODO MONTE CARLO MULTI-LINEARIZZATO

La procedura Monte Carlo Multi-Linearizzata viene sviluppata essenzialmente allo scopo di migliorare, in termini di accuratezza, le prestazioni della procedura Monte Carlo Linearizzata.

Infatti, come detto in precedenza, nella procedura Monte Carlo Linearizzata viene effettuata una linearizzazione delle equazioni di load flow trifase (II.1) attorno ad una regione dei valori attesi, il che implica che un allontanamento dei valori assunti dalle variabili aleatorie di ingresso del modello matematico dalla propria regione di linearizzazione introduce presumibilmente un errore nella stima delle variabili di uscita. Tale errore può diventare particolarmente significativo nel caso in cui la varianza delle variabili aleatorie di ingresso sia elevata, rendendo in tale situazione insufficiente l'utilizzo di un solo punto di linearizzazione [22, 33].

Ne segue che è necessario migliorare l'accuratezza del Monte Carlo Linearizzato nelle regioni lontane dalla regione dei valori attesi, ad esempio utilizzando più punti di linearizzazione invece di uno solo. Il problema, allora, diventa anzitutto quello di determinare in maniera razionale i punti attorno ai quali linearizzare il sistema di equazioni non lineari di load flow trifase espresso vettorialmente dalla (II.1) ed a tale scopo sono stati effettuati dei lavori di ricerca reperibili in letteratura. In particolare, in [22] viene proposto un algoritmo che mira ad ottenere un certo numero di punti di linearizzazione nella regione di estremità delle funzioni di densità di probabilità delle variabili aleatorie di ingresso mentre in [33] viene illustrato un algoritmo di multilinearizzazione basato sulla considerazione della potenza attiva totale di carico presente sul sistema elettrico. Quest'ultimo algoritmo, sviluppato con riferimento ai soli sistemi equilibrati, ha dimostrato di essere efficiente ed accurato e, testato tramite numerose applicazioni, ha consentito un significativo aumento dell'accuratezza in particolare nelle regioni di estremità delle funzioni di densità di probabilità delle variabili di uscita, consentendo una più esatta stima dei percentili di queste ultime.

In questo libro, pertanto, la procedura Monte Carlo multilinearizzata proposta in [33] con riferimento ai soli sistemi elettrici equilibrati viene estesa al caso più generale dei sistemi elettrici dissimmetrici. Inoltre, al fine di determinare i diversi punti di linearizzazione, vengono sperimentati tre diversi criteri tra loro concettualmente analoghi ma basati il primo sulla considerazione della potenza attiva totale di carico presente sul sistema, il secondo sulla potenza reattiva totale di carico ed il terzo sulla potenza apparente totale di carico. In virtù del fatto che la procedura operativa è sostanzialmente la medesima nei tre casi, salvo considerare in ciascun caso la corrispondente potenza totale di carico presente sul sistema, in quanto segue verrà illustrata in dettaglio solo la procedura Monte Carlo Multi-Linearizzata riferita alla considerazione della potenza attiva totale, essendo ovviamente immediata l'estensione agli altri due casi.

La procedura Monte Carlo Multi-Linearizzata viene sintetizzata in forma di schema a blocchi nella figura II.3.

Si consideri la potenza attiva totale di carico presente sul sistema elettrico dissimmetrico e squilibrato in esame, data dalla somma delle potenze attive richieste in ciascuna fase dei nodi di carico del sistema stesso:

$$P_{tot} = \sum_{i=1}^{N_c} \sum_{p=1}^{3} \left(P_i^p \right)^{sp};$$ (II.29)

Nella (II.29), secondo la consueta notazione, N_c indica il numero di nodi di carico trifase presenti sul sistema e $\left(P_i^p \right)^{sp}$ indica la potenza attiva di carico richiesta nella fase 'p' del nodo trifase 'i'.

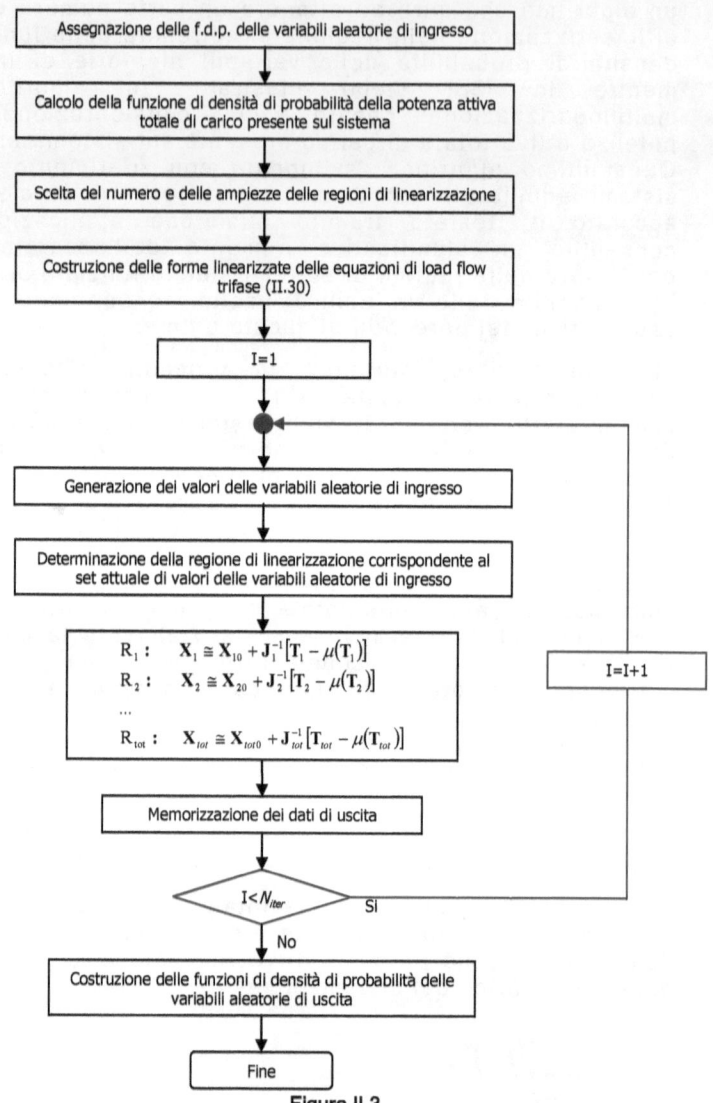

Figura II.3
Diagramma di flusso della procedura Monte Carlo Multi-Linearizzata, basata sulla
potenza attiva totale di carico, applicata all'analisi probabilistica in regime permanente
dei sistemi elettrici trifase dissimmetrici

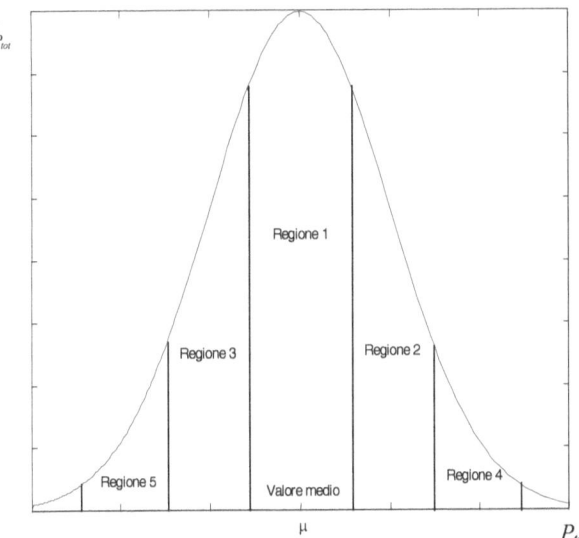

Figura II.4
Esempio di funzione di densità di probabilità della potenza attiva totale di carico
presente sul sistema elettrico dissimmetrico

Poiché ciascuna potenza attiva $\left(P_i^p\right)^{sp}$ richiesta alla generica fase 'p' del generico nodo trifase di carico 'i' è una variabile aleatoria caratterizzata da una sua specifica funzione di densità di probabilità, anche la potenza attiva totale di carico P_{tot} presente sul sistema è una variabile aleatoria, la cui funzione di densità di probabilità può essere valutata "*off-line*" applicando la relazione (II.29). A titolo di esempio, allora, si supponga che la funzione di densità di probabilità della potenza attiva totale di carico sia del tipo di quella riportata in figura II.4.

La funzione di densità di probabilità della figura II.4 può essere divisa in un certo numero R_{tot} di intervalli ("*regioni di carico*"), che deve essere scelto in maniera appropriata allo scopo di massimizzare l'accuratezza della procedura proposta senza però appesantirla inutilmente in termini di onere computazionale richiesto.

A questo proposito, nelle attività di ricerca condotte dall'Autore, sono state effettuate molteplici applicazioni numeriche su reti di trasmissione e di distribuzione dissimmetriche e se ne è dedotto che un numero di regioni di carico superiore a 15 non comporta solitamente un miglioramento significativo dell'accuratezza della procedura Monte Carlo Multi-Linearizzata ma, per contro, ne peggiora le prestazioni in termini di rapidità di calcolo, in quanto richiede un maggiore onere computazionale. In particolare, dai risultati delle applicazioni numeriche effettuate allo scopo di determinare il numero ottimale di intervalli di linearizzazione R_{tot}, è emerso che 7 regioni di carico consentono di raggiungere un livello di accuratezza sufficiente in tutti i casi esaminati, ad eccezione del caso in cui le funzioni di densità di probabilità di alcune variabili di ingresso siano di tipo bimodale e fortemente correlate. In quest'ultimo caso, si è notato che, per ottenere la massima accuratezza possibile nell'applicazione della procedura Monte Carlo Multi-Linearizzata, è opportuno ricorrere all'utilizzo di 15 regioni di linearizzazione.

Per quanto riguarda, poi, la determinazione dell'ampiezza delle regioni di carico, essa può essere scelta costante oppure può essere scelta decrescente nelle regioni di estremità della funzione di densità di probabilità della potenza attiva totale di carico presente sul sistema elettrico in esame. Nella figura II.4, ad esempio, tutti gli intervalli di linearizzazione sono stati scelti di uguale ampiezza.

Una volta scelti il numero delle regioni di carico e la loro ampiezza, per ciascuna di esse deve essere definito un punto di linearizzazione. In pratica, una volta che è stata calcolata *"off-line"* la funzione di densità di probabilità $f_{P_{tot}}$ della potenza attiva totale di carico P_{tot} presente sul sistema (figura II.4), ciascuna delle funzioni di densità di probabilità delle potenze attive e reattive monofase di carico in ingresso al modello matematico probabilistico viene suddivisa in R_{tot} funzioni di densità di probabilità. Ciascuna di queste ultime include tutti e soli i valori di potenza attiva e di potenza reattiva nei nodi di fase di carico che corrispondono ad una potenza attiva totale di carico sul sistema che ricade nella medesima regione di linearizzazione.

Per ciascuna regione di carico, allora, viene ottenuto un diverso punto di linearizzazione e, pertanto, in corrispondenza di ciascuno di tali punti di linearizzazione si ricava un diverso sistema di equazioni linearizzate, analogo a quello (II.28) illustrato nel caso del Monte Carlo Linearizzato. Ne risulta un insieme di R_{tot} sistemi di equazioni linearizzate, del tipo di quello seguente:

$$R_1: \quad \mathbf{X}_1 \cong \mathbf{X}_{10} + \mathbf{J}_1^{-1}\left[\mathbf{T}_1 - \mu(\mathbf{T}_1)\right]$$

$$R_2: \quad \mathbf{X}_2 \cong \mathbf{X}_{20} + \mathbf{J}_2^{-1}\left[\mathbf{T}_2 - \mu(\mathbf{T}_2)\right]$$

... (II.30)

$$R_{tot}: \quad \mathbf{X}_{tot} \cong \mathbf{X}_{tot0} + \mathbf{J}_{tot}^{-1}\left[\mathbf{T}_{tot} - \mu(\mathbf{T}_{tot})\right]$$

nel quale $\mathbf{J}_i$ indica la matrice Jacobiana relativa alla *i*-esima regione di linearizzazione ed $\mathbf{X}_{i0}$ indica il vettore di stato soluzione del problema di load flow trifase deterministico:

$$g_S(\mathbf{X}_{i0}) = \mu(\mathbf{T}_i), \tag{II.31}$$

in cui $\mathbf{T}_i$ rappresenta il vettore delle variabili aleatorie di ingresso relativo alla regione di carico considerata.

Per quanto concerne, poi, il numero di iterazioni N_{iter} da effettuare nella procedura Monte Carlo Multi-Linearizzata, come al solito esso deve essere stabilito in maniera tale da assicurare un'adeguata accuratezza nella stima delle funzioni di densità di probabilità delle variabili aleatorie di uscita ed a questo proposito rimangono valide le considerazioni espresse in precedenza a proposito del Monte Carlo Non Lineare e di quello Linearizzato.

8.4 METODO DELLA CONVOLUZIONE

La procedura della convoluzione è basata sulla forma linearizzata delle equazioni di load flow trifase e richiede tre passi, i primi due dei quali sono i medesimi descritti nel Monte Carlo Linearizzato.

In particolare, il primo passo consiste nel risolvere un load flow trifase deterministico, considerando come valori delle variabili di ingresso al modello matematico i valori medi delle funzioni di densità di probabilità delle variabili costituenti il vettore aleatorio di ingresso. Determinato in tal modo il vettore di stato soluzione del problema di load flow trifase deterministico in oggetto, si procede ad effettuare il secondo passo, che consiste nella linearizzazione delle equazioni di load flow trifase (II.1) attorno al punto soluzione individuato nel passo precedente.

In tal modo, si ottiene la forma linearizzata (II.28) delle equazioni di load flow trifase, nella quale ogni variabile aleatoria di uscita viene espressa come combinazione lineare delle variabili aleatorie di ingresso.

La terza operazione da compiere, a questo punto, consiste nell'applicare la procedura di convoluzione alle equazioni linearizzate (II.28), cioè nell'effettuare il seguente prodotto di convoluzione:

$$f(X_i) = f(X_{0i}) + f(w_{i1}) * f(w_{i2}) * \ldots * f(w_{in})$$ (II.32)

nel quale:

f è la funzione di densità di probabilità;

X_{0i} è il termine *i*-esimo del vettore X_0;

$*$ è il prodotto di convoluzione;

w_{ij} è il termine (*i,j*) dato da $\left(J_0^{-1}\right)_{ij}\left[T_j - \mu\left(T_j\right)\right]$;

$\left(J_0^{-1}\right)_{ij}$ è il termine (*i,j*) della matrice inversa dello Jacobiano J valutato in X_0;

T_j è il *j*-esimo termine del vettore delle variabili aleatorie di ingresso T.

Il prodotto di convoluzione (II.32) può essere calcolato utilizzando metodi numerici basati sulla trasformata di Laplace oppure, in modo più efficiente in termini di accuratezza e di onere computazionale, utilizzando la *Fast Fourier Transform* (*FFT*) [20].

Come noto, la convenienza della valutazione della convoluzione nel dominio della frequenza risiede nel fatto che in tale dominio il prodotto di convoluzione diventa un normale prodotto algebrico termine per termine. Per eseguire il prodotto di convoluzione nel dominio della frequenza, occorre anzitutto campionare le funzioni di densità di probabilità delle variabili aleatorie utilizzando il medesimo passo di campionamento ed effettuare la *FFT* delle funzioni discrete così ottenute. A questo punto ci si trova nel dominio della frequenza ed è possibile eseguire il prodotto di convoluzione di partenza semplicemente tramite un prodotto termine per termine dei segnali trasformati, ottenendo così la funzione risultante dalla convoluzione espressa nel dominio della frequenza. Tramite un'operazione di anti-trasformazione, infine, da quest'ultima funzione risultante nel dominio della frequenza, si ottiene la funzione di densità di probabilità finale.

L'onere computazionale necessario all'applicazione della procedura di analisi dei sistemi elettrici trifase dissimmetrici basata sul metodo della convoluzione dipende dal numero di funzioni di densità di probabilità delle variabili aleatorie di ingresso che sono gaussiane. Infatti, tutte le funzioni di densità di probabilità di tipo gaussiano possono essere facilmente raggruppate a formare un'unica funzione di densità di probabilità equivalente, a sua volta gaussiana, in quanto per definire tale funzione sono necessari solamente il valore medio e la matrice di covarianza.

Ne segue che la relazione (II.32) contiene unicamente funzioni di densità di probabilità di tipo discreto o di altro genere in aggiunta a quest'unica gaussiana equivalente, il che costituisce naturalmente un vantaggio in termini computazionali.

8.5 METODO DELLE FUNZIONI APPROSSIMANTI

La procedura di analisi probabilistica dei sistemi elettrici dissimmetrici per mezzo della tecnica dei polinomi approssimanti è basata essenzialmente sull'approssimazione delle funzioni di densità di probabilità delle variabili aleatorie di interesse per mezzo di opportune funzioni, dette "*funzioni di Pearson*", che vengono univocamente determinate una volta noti i primi quattro momenti delle funzioni di densità di probabilità da approssimare. In questo modo, il problema di ottenere le funzioni di densità di probabilità delle variabili aleatorie di uscita viene ricondotto a quello della determinazione soltanto dei loro primi quattro momenti statistici.

La procedura in oggetto si compone di tre passi.

La prima operazione da compiere è la solita linearizzazione delle equazioni non lineari di load flow trifase (II.1), giungendo alla determinazione della forma (II.28).

Il secondo passo, poi, consiste nella valutazione dei primi quattro momenti statistici delle funzioni di densità di probabilità delle variabili aleatorie di interesse, facendo uso di opportune relazioni in forma chiusa.

Il terzo ed ultimo passo, infine, consiste nella determinazione dei polinomi di Pearson che approssimano le funzioni di densità di probabilità di interesse.

Per sintetizzare quanto finora detto e rendere nel contempo più chiara l'esposizione che seguirà, in figura II.5 viene riportato lo schema a blocchi della procedura dei polinomi approssimanti applicata all'analisi dei sistemi elettrici trifase dissimmetrici.

Passando all'analisi di dettaglio della procedura proposta, a proposito del primo passo, come detto, è evidente che esso consiste nella linearizzazione delle equazioni di load flow trifase (II.1), che conduce alle (II.28).

Per quanto concerne il secondo passo, partendo dalla forma linearizzata (II.28), è possibile valutare i primi quattro momenti statistici delle funzioni di densità di probabilità delle variabili di interesse per mezzo di relazioni in forma chiusa.

Infatti, per il calcolo del valore atteso, si ha che esso è dato dalle:

$$\mu(\mathbf{X}) = \mathbf{X}_0 \qquad\qquad (\text{II.33})$$

mentre per il calcolo della varianza occorre fare riferimento alla matrice di covarianza seguente:

$$\text{cov}(\mathbf{X}) = J_0^{-1}\,\text{cov}(\mathbf{T})\left(\mathbf{J}_0^{-1}\right)^T \qquad\qquad (\text{II.34})$$

nella quale i simboli hanno il significato illustrato in precedenza.

Per quanto riguarda, poi, il calcolo dei momenti statistici di ordine superiore, ricordando che il generico momento statistico di ordine m di una generica variabile aleatoria G_k è dato da:

$$\mu_m(G_k) = \mu[G_k - \mu(G_k)]^m = \mu\left[\Delta G_k^m\right] \qquad\qquad (\text{II.35})$$

si può giungere alla determinazione delle seguenti relazioni in forma chiusa che esprimono i momenti di ordine tre e di ordine quattro, che sono quelli di interesse nell'applicazione del metodo delle funzioni approssimanti di Pearson:

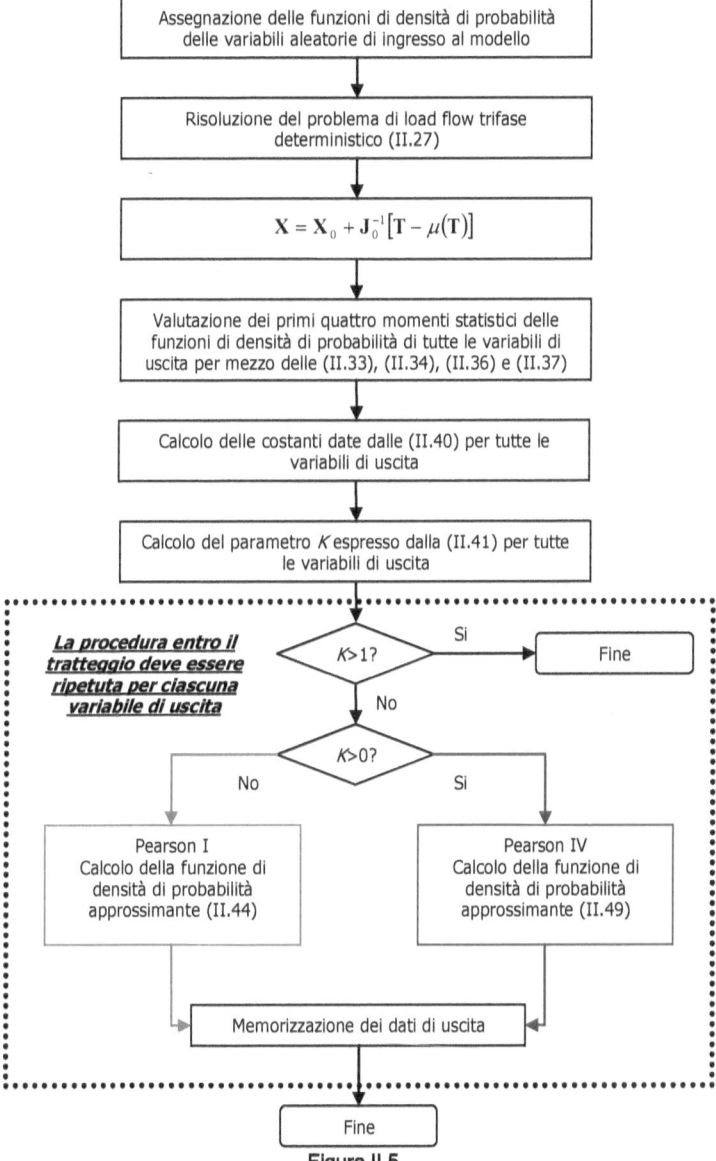

Figura II.5
Diagramma di flusso della procedura delle funzioni approssimanti applicata all'analisi probabilistica in regime permanente dei sistemi elettrici trifase dissimmetrici

$$\mu_3(X_k) = \sum_{i=1}^{N} A_{ki}\,\mu\!\left[\Delta T_i^3\right] + 3\sum_{\substack{i=1\\i\neq j}}^{N}\sum_{j=1}^{N} A_{ki}^2 A_{kj}\,\mu\!\left[\Delta T_i^2 \Delta T_j\right] +$$

$$+6\sum_{\substack{i=1\\i<j<g}}^{N}\sum_{j=1}^{N}\sum_{g=1}^{N} A_{ki} A_{kj} A_{kg}\,\mu\!\left[\Delta T_i \Delta T_j \Delta T_g\right]$$

$$\mu_3(D_k) = \sum_{i=1}^{N} B_{ki}\,\mu\!\left[\Delta X_i^3\right] + 3\sum_{\substack{i=1\\i\neq j}}^{N}\sum_{j=1}^{N} B_{ki}^2 B_{kj}\,\mu\!\left[\Delta X_i^2 \Delta X_j\right] +$$

$$+6\sum_{\substack{i=1\\i<j<g}}^{N}\sum_{j=1}^{N}\sum_{g=1}^{N} B_{ki} B_{kj} b_{kg}\,\mu\!\left[\Delta X_i \Delta X_j \Delta X_g\right]$$

(II.36)

$$\mu_4(X_k) = \sum_{i=1}^{N} A_{ki}\,\mu\!\left[\Delta T_i^4\right] + 4\sum_{\substack{i=1\\i\neq j}}^{N}\sum_{j=1}^{N} A_{ki}^3 A_{kj}\,\mu\!\left[\Delta T_i^3 \Delta T_j\right] +$$

$$+6\sum_{\substack{i=1\\i<j}}^{N}\sum_{j=1}^{N} A_{ki}^2 A_{kj}^2\,\mu\!\left[\Delta T_i^2 \Delta T_j^2\right] +$$

$$+6\sum_{\substack{i=1\\i\neq j\neq g}}^{N}\sum_{j=1}^{N}\sum_{g=1}^{N} A_{ki}^2 A_{kj} A_{kg}\,\mu\!\left[\Delta T_i^2 \Delta T_j \Delta T_g\right] +$$

$$+6\sum_{\substack{i=1\\i<j<g<t}}^{N}\sum_{j=1}^{N}\sum_{g=1}^{N}\sum_{t=1}^{N} A_{ki} A_{kj} A_{kg} A_{kt}\,\mu\!\left[\Delta T_i \Delta T_j \Delta T_g \Delta T_t\right]$$

$$\mu_4(D_k) = \sum_{i=1}^{N} B_{ki}\,\mu\!\left[\Delta X_i^4\right] + 4\sum_{\substack{i=1\\i\neq j}}^{N}\sum_{j=1}^{N} B_{ki}^3 B_{kj}\,\mu\!\left[\Delta X_i^3 \Delta X_j\right] +$$

(II.37)

$$+6\sum_{\substack{i=1\\i<j}}^{N}\sum_{j=1}^{N} B_{ki}^2 B_{kj}^2\,\mu\!\left[\Delta X_i^2 \Delta X_j^2\right] +$$

$$+6\sum_{\substack{i=1\\i\neq j\neq g}}^{N}\sum_{j=1}^{N}\sum_{g=1}^{N} B_{ki}^2 B_{kj} B_{kg}\,\mu\!\left[\Delta X_i^2 \Delta X_j \Delta X_g\right] +$$

$$+6\sum_{\substack{i=1\\i<j<g<t}}^{N}\sum_{j=1}^{N}\sum_{g=1}^{N}\sum_{t=1}^{N} B_{ki} B_{kj} B_{kg} B_{kt}\,\mu\!\left[\Delta X_i \Delta X_j \Delta X_g \Delta X_t\right]$$

In queste ultime relazioni sono state adottate le seguenti posizioni:

$$A = J_0^{-1}$$
$$\Delta T = T - \mu(T) \tag{II.38}$$
$$\Delta X = X - \mu(X)$$

e si è indicato con A_{ij} (oppure B_{ij}) l'elemento (i,j) della matrice **A** (oppure **B**) e con X_i (oppure T_i) lo i-esimo elemento del vettore **X** (oppure **T**).

Una volta determinati i primi quattro momenti delle funzioni di densità di probabilità di interesse, occorre determinare le funzioni adeguate per poterle approssimare. A questo scopo, vengono utilizzati le funzioni approssimanti di Pearson, che costituiscono una famiglia di funzioni in grado di approssimare un elevato numero di distribuzioni di probabilità [46].

La famiglia di funzioni di distribuzione di Pearson trae origine dall'osservazione che molte significative funzioni di densità di probabilità soddisfano la seguente equazione differenziale:

$$\frac{d}{dx} \log[f(x)] = -\frac{(x+a)}{b_0 + b_1 x + b_2 x^2}. \tag{II.39}$$

Se si pone pari a zero il valore medio della funzione di densità di probabilità di interesse ($\mu_1 = 0$) e se ne indicano con μ_2, μ_3 e μ_4 i momenti centrali di ordine superiore, si ha che i coefficienti al denominatore del secondo membro della (II.19) sono dati da:

$$a = b_1 = \frac{\mu_3(\mu_4 + 3\mu_2^2)}{R}$$

$$b_0 = \frac{\mu_2(4\mu_2\mu_4 - 3\mu_3^2)}{R}$$

$$b_1 = a = \frac{\mu_3(\mu_4 + 3\mu_2^2)}{R} \tag{II.40}$$

$$b_3 = \frac{(2\mu_2\mu_4 - 3\mu_3^2 - 6\mu_2^3)}{R}$$

con

$$R = 10\mu_4\mu_2 - 12\mu_3^2 - 18\mu_2^3.$$

La funzioni di densità di probabilità che soddisfano l'equazione differenziale (II.39) vengono definite "*funzioni di Pearson*" ed ognuna di esse è caratterizzata da uno specifico insieme di valori a, b_0, b_1, b_2, che possono essere calcolati tramite le (II.40) a partire dalla conoscenza dei momenti centrali della funzione di densità di probabilità da approssimare.

L'espressione esplicita della funzione di Pearson che approssima una certa funzione di densità di probabilità $g(x)$ dipende, poi, dal grado del polinomio al denominatore del secondo membro della (II.39) e dalle sue radici. Nell'ipotesi che i coefficienti b_0, b_1, b_2 siano diversi da zero, si può definire la costante K seguente, che è il discriminante del polinomio in questione:

$$K = \frac{b_1^2}{4b_0 b_2}$$

(II.41)

e dal cui valore dipende il tipo di funzione approssimante di Pearson da utilizzare.

Nell'ambito dei sistemi elettrici, di solito i casi di interesse relativamente al valore del discriminante K sono soltanto i due seguenti:

▸ $K \le 0$, in corrispondenza del quale il polinomio quadratico al denominatore del secondo membro della (II.39) ha due radici reali e di segno opposto;

▸ $0 < K < 1$, in corrispondenza del quale il suddetto polinomio ha due radici complesse coniugate.

Nel primo caso si dice che la funzione approssimante da utilizzare è "*Pearson di tipo I*" mentre nel secondo caso si dice che essa è "*Pearson di tipo IV*".

Nel caso di funzione di Pearson di tipo I ($K<0$), indicando con a_1 ed a_2 le radici del polinomio nella (II.39) ed assumendo $a_1 < a_2$, si ha che:

$$b_0 + b_1 x + b_2 x^2 = -b_2 (x - a_1)(a_2 - x)$$

(II.42)

dal che segue che l'equazione differenziale (II.39) si esprime in tal caso come:

$$\frac{d}{dx} \log[p(x)] = \frac{(x+a)}{b_2(x-a_1)(a_2-x)} =$$
$$= \frac{1}{b_2(a_2-a_1)}\left(\frac{a+a_1}{x-a} + \frac{a+a_2}{a_2-x}\right).$$

(II.43)

Pertanto, la funzione di Pearson di tipo I *p(x)* che approssima la funzione di densità di probabilità di interesse *g(x)* risulta data da:

$$g(x) \cong p(x) = c^* (x - a_1)^{m_1} (a_2 - x)^{m_2}$$ (II.44)

nella quale le nuove costanti introdotte sono date dalle seguenti espressioni:

$$m_1 = \frac{a + a_1}{b_2 (a_2 - a_1)}$$

$$m_2 = -\frac{a + a_2}{b_2 (a_2 - a_1)}$$ (II.45)

$$c^* = \frac{1}{\int_{a_1}^{a_2} (x - a_1)^{m_1} (a_2 - x)^{m_2} dx}.$$

La funzione approssimante (II.44) è definita esclusivamente nell'intervallo $[a_1, a_2]$ e nell'ipotesi che $m_1 > -1$ e $m_2 > -1$.

Nel caso di funzione di Pearson di tipo IV ($0 < K < 1$), il polinomio al denominatore del secondo membro della (II.39) ha due radici complesse coniugate, pertanto si può riscrivere come:

$$b_0 + b_1 x + b_2 x^2 = C_0 + b_2 (x + C_1)^2$$ (II.46)

dove le nuove costanti introdotte sono date dalle seguenti espressioni:

$$C_0 = b_0 - \frac{b_1^2}{4 b_2}$$

$$C_1 = \frac{b_1}{2 b_2}.$$ (II.47)

Ne segue che l'equazione differenziale (II.39) si può scrivere in questo caso nella forma seguente:

$$\frac{d}{dx} \log[p(x)] = -\frac{(x + a)}{C_0 + b_2 (x + C_1)^2} = -\frac{(x + C_1) + (a - C_1)}{C_0 + b_2 (x + C_1)^2}$$ (II.48)

e pertanto la funzione di tipo Pearson IV *p(x)* che approssima la funzione di densità di probabilità di interesse *g(x)* risulta essere la seguente:

$$g(x) \cong p(x) = \frac{c^{**}}{\left[C_0 + b_2(x+C_1)^2\right]^{\frac{1}{2b_2}}}$$

$$\exp\left[-\frac{a-C_1}{\sqrt{b_2 C_0}}\arctan\left(\frac{x+C_1}{\sqrt{\frac{C_0}{b_2}}}\right)\right]$$

(II.49)

nella quale c^* è data da:

$$c^{**} = \frac{1}{\int\limits_{\text{inf}}^{\text{sup}}\left[C_0 + b_2(x+C_1)^2\right]^{\frac{1}{2b_2}}\exp\left[-\frac{a-C_1}{\sqrt{b_2 C_0}}\arctan\left(\frac{x+C_1}{\sqrt{C_0/b_2}}\right)\right]}$$

(II.50)

in cui gli estremi di integrazione definiscono l'intervallo di troncamento considerato per la funzione di densità di probabilità in esame (ad es. inf=-nσ e sup=+nσ, indicando con σ la deviazione standard della variabile aleatoria in esame).

Come evidente dalla precedente esposizione, l'applicazione della tecnica di analisi probabilistica dei sistemi elettrici trifase dissimmetrici basata sull'utilizzo del metodo dei polinomi approssimanti di Pearson richiede uno sforzo computazionale piuttosto limitato, in quanto occorre essenzialmente procedere alla soluzione di un solo problema di load flow trifase tramite il metodo Newton-Raphson, necessario alla linearizzazione delle equazioni di load flow trifase (II.1) per giungere alla forma (II.28) ed i calcoli rimanenti sono semplici e, quindi, sono caratterizzati da scarso onere computazionale.

9

ESEMPI

Le tecniche precedentemente proposte per l'analisi probabilistica dei sistemi elettrici trifase dissimmetrici sono state implementate in ambiente Matlab^{TM} e sono state applicate alla rete test "*IEEE 13 Node Test Feeder*" [12].

9.1 IEEE 13 NODE TEST FEEDER

La rete test "*IEEE 13 Node Test Feeder*" [12], il cui schema è riportato nella Figura II.6, contiene un insieme di linee e di carichi monofase, bifase e trifase, il che la rende particolarmente adatta allo scopo di testare e confrontare tra loro le tecniche di analisi probabilistica dei sistemi elettrici trifase dissimmetrici proposte in questo volume.

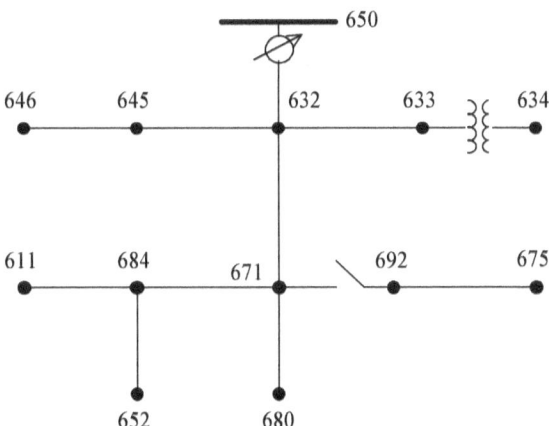

Figura II.6: IEEE 13 Node Test Feeder

La rete in questione è dissimmetrica ed il numero totale di nodi di fase è pari a 35.

Il livello di tensione della rete test è di 4.16 kV e la sola sottostazione elettrica presente sul sistema, collocata a monte del nodo trifase identificato con il numero 650, comprende un trasformatore con tensione nominale primaria pari a 115 kV e tensione nominale secondaria pari a 4.16 kV.

La rete riportata nella Figura II.6 contiene sia linee che carichi monofase e trifase. In particolare, le linee 652-684 e 684-611 sono di tipo monofase, le linee 671-684, 632-645 e 645-646 sono di tipo bifase mentre le rimanenti sono di tipo trifase; le linee 675-692 e 652-684, infine, sono linee in cavo.

La descrizione completa della rete test (nella quale, allo scopo di semplificare l'analisi, il trasformatore tra i nodi 633 e 634 è stato considerato a rapporto di trasformazione fissato) e tutti i dati ad essa relativi, che non vengono qui riportati per ovvi motivi di semplicità, sono riportati in [12] mentre, per ciò che concerne i dati utilizzati per le linee in cavo, essi sono riportati in [48].

Su questa rete sono state effettuate numerose simulazioni, considerando valori crescenti della varianza e della correlazione delle variabili aleatorie di ingresso ed inoltre sono state considerate anche funzioni di densità di probabilità di tipo multi-modale.

Tutti i carichi sono considerati di tipo PQ, cioè specificati tramite le potenze attive e reattive da essi assorbite; la loro caratterizzazione è stata ottenuta tramite funzioni di densità di probabilità i cui valori medi sono riportati nella Tabella II.2.

Per quanto riguarda, poi, i valori di deviazione standard e di correlazione di tali funzioni di densità di probabilità, essi saranno specificati di volta in volta nel seguito per ciascun caso esaminato.

Come detto, sono state effettuate varie applicazioni numeriche; solo alcune, per semplicità di esposizione, sono illustrate nel seguito.

In particolare, verranno illustrati due casi. Nel primo caso si pongono a confronto tra loro le varie tecniche proposte con l'esclusione del metodo Monte Carlo Multi-Linearizzato. Nel secondo caso, invece, si pongono a confronto solo il metodo Monte Carlo Linearizzato e quello Multi-Linearizzato, per meglio approfondire i casi in cui tale ultima tecnica si rende preferibile alla semplice linearizzazione.

In tutti i casi trattati, il riferimento per la valutazione degli errori introdotti da ciascun metodo è rappresentato dalla simulazione Monte Carlo Non Lineare, illustrata nel paragrafo 8.1.

Tabella II.2
Valori medi delle potenze di fase attive e reattive

Nodo	Fase 1		Fase 2		Fase 3	
	kW	kVAr	kW	kVAr	kW	kVAr
671	393.5	225	418	239	443.5	254
692	0	0	0	0	168.37	149.55
675	485	190	68	60	290	212
611	0	0	0	0	165.54	77.9
652	123.38	82.9	0	0	0	0
645	0	0	170	125	0	0
646	0	0	240.66	138.12	0	0
634	160	110	120	90	120	90

9.2 CASO 1

Le tecniche proposte nel capitolo 8, ad eccezione del metodo Monte Carlo Multi-Linearizzato, sono poste a confronto considerando i seguenti sottocasi:

▶ I-A: le funzioni di densità di probabilità delle potenze attive e reattive in ingresso sono tutte di tipo gaussiano e con bassa correlazione (valore assoluto dei coefficienti di correlazione minore di 0.1), con una deviazione standard del 10%;

▶ I-B: come in I-A ma con deviazioni standard aumentate del 300%, allo scopo di mettere in evidenza la sensibilità della stima delle variabili aleatorie in uscita rispetto alla dispersione delle variabili aleatorie in ingresso;

▶ I-C: come in I-A ma con funzioni di densità di probabilità bimodali per le potenze attive e reattive nei nodi 675 (fasi 1 e 3), 671 (fase 2), 652 e 634 (fase 2), allo scopo di evidenziare la sensibilità della stima delle variabili aleatorie in uscita rispetto alla presenza di distribuzioni di probabilità di tipo multi-modale delle variabili aleatorie in ingresso.

Le funzioni di densità di probabilità bimodali sono state ottenute distribuendo i valori delle potenze di carico attive e reattive in ingresso in due punti, con la stessa probabilità. I valori medi delle distribuzioni di probabilità bimodali delle potenze di carico in ingresso, poi, sono gli stessi che in I-A.

Nei casi I-A e I-B, nei quali le funzioni di densità di probabilità in ingresso sono tutte di tipo gaussiano, l'applicazione del processo di convoluzione non sarebbe in effetti necessaria, tuttavia viene utilizzata anche in questi casi allo scopo di ottenere un confronto completo tra tutte le tecniche di analisi considerate in queste applicazioni numeriche.

Nell'ambito delle presenti applicazioni numeriche, per mezzo di tutte le tecniche di analisi appena ricordate e descritte in dettaglio nel capitolo 8, vengono calcolate le funzioni di densità di probabilità delle tensioni di fase, dei flussi di potenza in transito sulle linee e dei fattori di dissimmetria. Inoltre, vengono pure valutati, per ciascuna delle funzioni di densità di probabilità indicate, il valore medio, la deviazione standard ed il percentile al 95%.

Per semplicità espositiva, di seguito il metodo Monte Carlo Linearizzato verrà indicato con l'acronimo LMC ("*Linear Monte Carlo*"), il metodo della convoluzione con l'acronimo CP ("*Convolution Process*") e quello delle funzioni approssimanti, infine, verrà indicato con l'acronimo AF ("*Approximating Functions*").

Per quanto riguarda il tempo di calcolo richiesto dai metodi esaminati, assumendo che il tempo di calcolo richiesto dalla simulazione Monte Carlo Non Lineare sia pari a 1 p.u. ed utilizzando un PC Pentium III 800 MHz, si ha che, nel caso I-A, i tempi di calcolo richiesti dagli altri metodi esaminati sono i seguenti:

▸ 0.0047 p.u. per il metodo Monte Carlo Linearizzato;
▸ 0.0004 p.u. per il metodo della convoluzione;
▸ 0.0003 per il metodo delle funzioni approssimanti.

Il confronto tra i tempi di calcolo richiesti dai vari metodi nei casi I-B e I-C è simile a quello appena riportato per il caso I-A.

Occorre, comunque, sottolineare che gli algoritmi ed il software sviluppati ed impiegati per effettuare l'analisi probabilistica in questione non sono stati ottimizzati in maniera specifica per ottenere la minimizzazione dei tempi di calcolo, pertanto i tempi appena indicati devono essere considerati con opportuna cautela.

Con riferimento al caso I-A, la Tabella II.3 mostra gli errori medi sul valore atteso, sulla deviazione standard e sul percentile al 95% dei valori efficaci delle tensioni di fase (V), dei flussi di potenza, attiva (P) e reattiva (Q), in transito sulle linee e dei fattori di dissimmetria (K_d), calcolati con tutti i metodi considerati nelle presenti applicazioni numeriche.

Gli errori medi sono definiti nella maniera seguente:

$$\varepsilon(SM) = \frac{\sum_{i=1}^{N} \frac{\left| SM_{NLMC,i} - SM_{L,i} \right|}{\left| SM_{NLMC,i} \right|}}{N}, \tag{II.51}$$

dove $SM_{NLMC,i}$, $SM_{L,i}$ sono i valori della generica misura statistica (SM può essere il valore atteso, il percentile al 95% e così via) di ciascuna variabile aleatoria in uscita calcolati rispettivamente tramite una simulazione Monte Carlo Non Lineare (il pedice $NLMC$ è l'acronimo di "*Non Linear Monte Carlo*"), assunti come i valori esatti, e tramite uno degli altri metodi di analisi in esame; N, poi, indica il numero totale di sbarre presenti nel sistema elettrico.

Tabella II.3
Caso I-A: Errori medi sui valori efficaci della tensioni, sui valori delle potenze, attive e reattive, in transito sulle linee e sui valori dei fattori di dissimmetria (caso di riferimento)

	Errori medi								
	LMC			CP			AF		
	ε% (μ)	ε% (pc95)	ε% (σ)	ε% (μ)	ε% (pc95)	ε% (σ)	ε% (μ)	ε% (pc95)	ε% (σ)
V	0.004	0.011	0.058	0.053	0.056	0.803	0.008	0.009	0.226
P	0.035	0.066	0.053	0.020	9.901	10.189	0.030	0.137	0.688
Q	0.098	2.144	0.050	0.508	235.534	64.985	0.108	2.652	0.131
Kd	0.144	0.245	0.131	9.250	24.788	110.780	0.134	0.194	0.959

Dall'analisi della Tabella II.3 segue che:

▸ l'analisi Monte Carlo Linearizzata ed il metodo delle funzioni approssimanti sono caratterizzati da errori trascurabili, sia nella valutazione delle variabili di stato che delle variabili dipendenti;

▸ il processo di convoluzione comporta errori accettabili solo nella valutazione dei valori efficaci delle tensioni di fase.

In Figura II.7 sono riportate le funzioni di densità di probabilità del valore efficace della tensione nella fase 1 e nella fase 2 del nodo 675, mentre nella Figura II.8 sono riportate le funzioni di densità di probabilità del fattore di dissimmetria nel medesimo nodo. Tali funzioni di densità di probabilità sono calcolate con riferimento al caso I-A.

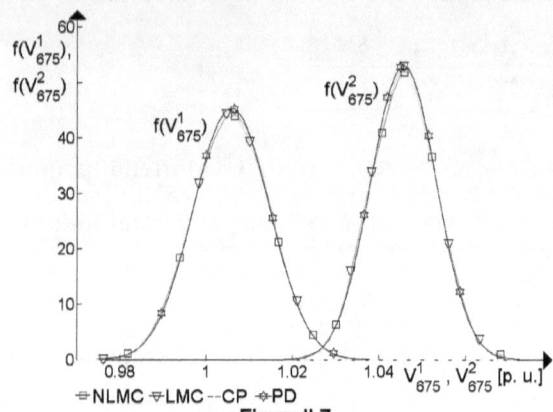

Figura II.7
Caso I-A - Funzioni di densità di probabilità del valore efficace della tensione nelle fasi 1 e 2 del nodo 675

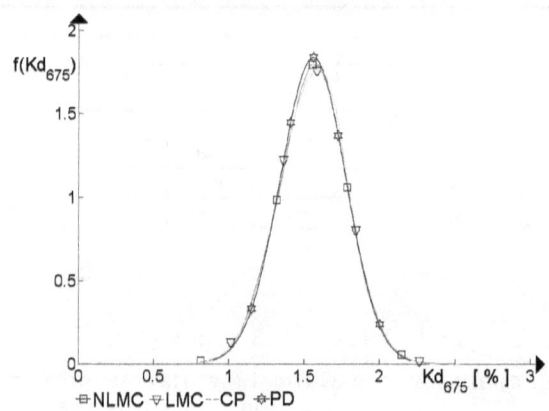

Figura II.8
Caso I-A - Funzioni di densità di probabilità del fattore di dissimmetria nel nodo 675

Con riferimento al caso I-B, gli errori medi sulle quantità di interesse sono riportati nella Tabella II.4 Dall'analisi di questa tabella si nota che la varianza ha poca incidenza sull'accuratezza dei metodi esaminati, anche se, nel caso del metodo Monte Carlo Linearizzato e della procedura delle funzioni approssimanti, si registra un piccolo aumento degli errori medi.

Tabella II.4
Caso I-B: Errori medi sui valori efficaci della tensioni, sui valori delle potenze, attive e reattive,
in transito sulle linee e sui valori dei fattori di dissimmetrie
(sensibilità rispetto alla deviazione standard)

	Errori medi								
	LMC			CP			AF		
	$\varepsilon\%$ (μ)	$\varepsilon\%$ (pc95)	$\varepsilon\%$ (σ)	$\varepsilon\%$ (μ)	$\varepsilon\%$ (pc95)	$\varepsilon\%$ (σ)	$\varepsilon\%$ (μ)	$\varepsilon\%$ (pc95)	$\varepsilon\%$ (σ)
V	0.035	0.080	0.639	0.155	0.155	1.246	0.035	0.060	0.827
P	0.329	1.169	0.269	0.078	33.904	37.942	0.290	0.914	0.775
Q	0.832	1.759	0.263	1.576	58.011	64.996	0.770	1.495	0.303
Kd	0.571	0.880	1.115	30.659	33.201	129.676	0.652	1.069	1.194

Per quanto riguarda il caso I-C, poi, gli errori medi sulle grandezze considerate sono riportati nella Tabella II.5 dall'analisi della quale si deduce che la presenza di distribuzioni di probabilità bi-modali delle variabili in ingresso ha un'influenza in generale non trascurabile sull'accuratezza dei metodi esaminati.

Tabella II.5
Caso I-C: Errori medi sui valori efficaci della tensioni, sui valori delle potenze, attive e reattive,
in transito sulle linee e sui valori dei fattori di dissimmetrie
(sensibilità rispetto alle distribuzioni bimodali)

	Errori medi								
	LMC			CP			AF		
	$\varepsilon\%$ (μ)	$\varepsilon\%$ (pc95)	$\varepsilon\%$ (σ)	$\varepsilon\%$ (μ)	$\varepsilon\%$ (pc95)	$\varepsilon\%$ (σ)	$\varepsilon\%$ (μ)	$\varepsilon\%$ (pc95)	$\varepsilon\%$ (σ)
V	0.158	0.158	1.623	0.235	3.022	103.430	8.377	0.058	283.303
P	2.390	8.230	0.197	0.208	88.600	78.447	12.735	7.201	17.321
Q	4.300	88.703	0.383	2.295	169.482	270.048	25.202	26.448	16.807
Kd	5.290	3.548	10.795	21.915	247.744	1045.735	6.060	3.394	11.020

9.3 CASO 2

Si analizzano qui le applicazioni numeriche effettuate alle scopo di approfondire e confrontare il metodo Monte Carlo Linearizzato e quello Multi-Linearizzato.

Le due tecniche sono poste a confronto nei seguenti sottocasi:

▸ II-A: tranne che nel caso dei nodi 675 (fasi 1 e 3), 671 (fase 2), 652 e 634 (fase 2), dove le densità di probabilità sono state assunte bimodali, le funzioni di densità di probabilità delle potenze attive e reattive in ingresso sono di tipo gaussiano, con bassa correlazione (valore assoluto dei coefficienti di correlazione minore di 0.1) e con una deviazione standard del 30%;

▸ II-B: come in II-A ma con elevati coefficienti di correlazione (incrementati fino ad un valore di 0.8), allo scopo di mettere in evidenza la sensibilità della stima delle variabili aleatorie in uscita rispetto alla presenza di distribuzioni di probabilità di tipo multi-modale ed alla correlazione delle variabili aleatorie di ingresso.

Le funzioni di densità di probabilità bimodali sono state ottenute distribuendo i valori delle potenze di carico attive e reattive in ingresso in due punti, con la stessa probabilità. I valori medi delle distribuzioni di probabilità bimodali delle potenze di carico in ingresso, poi, sono gli stessi che in I-A.

Nell'ambito delle presenti applicazioni numeriche, per mezzo delle tecniche di analisi di tipo Monte Carlo Linearizzato e di tipo Monte Carlo Multi-Linearizzato, descritte in dettaglio nel paragrafo 8.2 e 8.3, vengono calcolate le funzioni di densità di probabilità delle tensioni di fase, dei flussi di potenza in transito sulle linee e dei fattori di dissimmetria. Inoltre, vengono pure valutati, per ciascuna delle funzioni di densità di probabilità indicate, il valore medio, la deviazione standard ed il percentile al 95%.

Per brevità di esposizione, nel seguito il metodo Monte Carlo Linearizzato continuerà ad essere indicato con l'acronimo LMC, il metodo Monte Carlo Multi-Linearizzato basato sulla potenza attiva totale di carico sul sistema sarà indicato con l'acronimo P-MLMC, quello basato sulla potenza reattiva con Q-MLMC e quello basato sulla potenza apparente, infine, sarà indicato con S-MLMC.

Con riferimento ai casi II-A e II-B, le tabelle II.6 e II.7 mostrano gli errori medi, definiti tramite la relazione (II.51), sul valore atteso, sulla deviazione standard e sul percentile al 95% dei valori efficaci delle tensioni di fase (V), dei flussi di potenza, attiva (P) e reattiva (Q), in transito sulle linee e dei fattori di dissimmetria (K_d), calcolati con tutti i metodi considerati nelle presenti applicazioni numeriche.

Le tabelle II.8 e II.9, invece, riportano gli errori massimi sulle medesime grandezze con riferimento all'applicazione di tutti i metodi di analisi in esame nell'ambito delle presenti applicazioni numeriche.

Tabella II.6
Caso II-A: Errori medi sui valori efficaci della tensioni, sui valori delle potenze, attive e reattive, in transito sulle linee e sui valori dei fattori di dissimmetrie
(sensibilità rispetto alle distribuzioni bimodali)

| | Errori medi | | | | | | | | | | | |
| | LMC | | | P-MLMC | | | Q-MLMC | | | S-MLMC | | |
	$\varepsilon\%$ (μ)	$\varepsilon\%$ (pc95)	$\varepsilon\%$ (σ)	$\varepsilon\%$ (μ)	$\varepsilon\%$ (pc95)	$\varepsilon\%$ (σ)	$\varepsilon\%$ (μ)	$\varepsilon\%$ (pc95)	$\varepsilon\%$ (σ)	$\varepsilon\%$ (μ)	$\varepsilon\%$ (pc95)	$\varepsilon\%$ (σ)
V	0.18	0.26	1.36	0.03	0.03	0.36	0.03	0.03	0.40	0.03	0.03	0.34
P	2.47	11.72	0.24	0.14	0.46	0.10	0.16	0.58	0.09	0.14	0.48	0.09
Q	4.27	13.09	0.37	0.56	1.13	0.10	0.57	1.22	0.10	0.53	1.12	0.09
Kd	4.52	3.92	3.35	0.51	0.92	1.17	0.60	1.11	1.43	0.52	0.90	1.08

Tabella II.7
Caso II-B: Errori medi sui valori efficaci della tensioni, sui valori delle potenze, attive e reattive, in transito sulle linee e sui valori dei fattori di dissimmetrie
(sensibilità rispetto alla correlazione ed alle distribuzioni bimodali)

| | Errori medi | | | | | | | | | | | |
| | LMC | | | P-MLMC | | | Q-MLMC | | | S-MLMC | | |
	$\varepsilon\%$ (μ)	$\varepsilon\%$ (pc95)	$\varepsilon\%$ (σ)	$\varepsilon\%$ (μ)	$\varepsilon\%$ (pc95)	$\varepsilon\%$ (σ)	$\varepsilon\%$ (μ)	$\varepsilon\%$ (pc95)	$\varepsilon\%$ (σ)	$\varepsilon\%$ (μ)	$\varepsilon\%$ (pc95)	$\varepsilon\%$ (σ)
V	0.22	0.31	2.59	0.03	0.03	0.39	0.03	0.03	0.37	0.03	0.03	0.41
P	2.67	13.06	0.38	0.32	0.66	0.05	0.38	0.74	0.05	0.33	0.70	0.05
Q	4.46	35.14	0.44	0.96	1.39	0.12	1.08	1.21	0.11	0.97	1.29	0.12
Kd	5.79	5.83	6.21	0.67	1.17	1.89	0.76	1.23	1.56	0.66	1.13	1.81

Tabella II.8
Caso II-A: Errori massimi sui valori efficaci della tensioni, sui valori delle potenze, attive e reattive, in transito sulle linee e sui valori dei fattori di dissimmetrie
(sensibilità rispetto alle distribuzioni bimodali)

	Errori massimi											
	LMC			P-MLMC			Q-MLMC			S-MLMC		
	$\epsilon\%$ (μ)	$\epsilon\%$ (pc95)	$\epsilon\%$ (σ)	$\epsilon\%$ (μ)	$\epsilon\%$ (pc95)	$\epsilon\%$ (σ)	$\epsilon\%$ (μ)	$\epsilon\%$ (pc95)	$\epsilon\%$ (σ)	$\epsilon\%$ (μ)	$\epsilon\%$ (pc95)	$\epsilon\%$ (σ)
V	0.65	0.74	2.87	0.06	0.07	0.50	0.07	0.10	0.68	0.05	0.06	0.47
P	7.14	81.25	1.47	0.38	1.96	0.29	0.38	1.98	0.26	0.39	1.89	0.27
Q	21.46	86.23	1.93	1.73	5.32	0.38	2.38	5.14	0.36	1.73	5.47	0.37
Kd	7.68	7.08	7.10	0.69	1.69	1.57	0.88	1.98	2.00	0.71	1.66	1.43

Tabella II.9
Caso II-B: Errori massimi sui valori efficaci della tensioni, sui valori delle potenze, attive e reattive, in transito sulle linee e sui valori dei fattori di dissimmetrie
(sensibilità rispetto alla correlazione ed alle distribuzioni bimodali)

	Errori massimi											
	LMC			P-MLMC			Q-MLMC			S-MLMC		
	$\epsilon\%$ (μ)	$\epsilon\%$ (pc95)	$\epsilon\%$ (σ)	$\epsilon\%$ (μ)	$\epsilon\%$ (pc95)	$\epsilon\%$ (σ)	$\epsilon\%$ (μ)	$\epsilon\%$ (pc95)	$\epsilon\%$ (σ)	$\epsilon\%$ (μ)	$\epsilon\%$ (pc95)	$\epsilon\%$ (σ)
V	0.58	0.67	3.89	0.08	0.10	0.98	0.08	0.11	0.89	0.08	0.10	0.99
P	7.18	68.53	3.68	0.69	3.31	0.27	0.88	3.24	0.33	0.72	3.88	0.22
Q	17.60	212.69	1.75	5.28	9.62	0.56	7.05	8.02	0.55	5.65	8.21	0.56
Kd	9.38	8.82	9.49	0.93	1.81	2.68	1.05	1.86	2.25	0.93	1.71	2.60

Le figure II.9 e II.10, infine, riportano rispettivamente le funzioni di densità di probabilità del valore efficace della tensione nelle fasi 1 e 2 e nella fase 1 del nodo 675, valutate per mezzo di tutti i metodi in questione, con riferimento ai casi II-A e II-B.

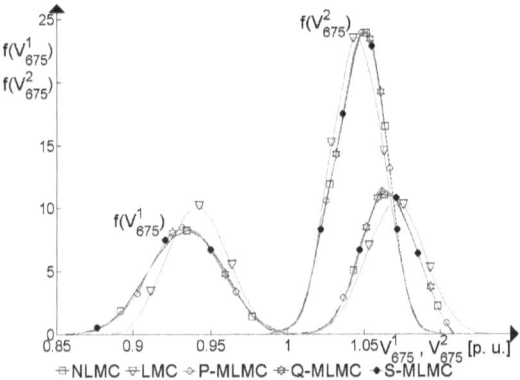

Figura II.9
Caso II-A - Funzioni di densità di probabilità del valore efficace della
tensione nelle fasi 1 e 2 del nodo 675

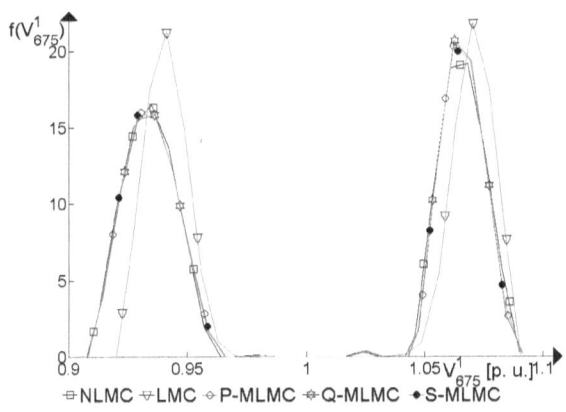

Figura II.10
Caso II-B - Funzioni di densità di probabilità del valore efficace della tensione nella
fase 1 del nodo 675

Dall'analisi dei risultati riportati nelle tabelle da II.6 a II.9 è possibile dedurre le seguenti considerazioni:

▸ la simulazione Monte Carlo Linearizzata, basata su un unico punto di linearizzazione, è caratterizzata da errori massimi non trascurabili in presenza di distribuzioni bimodali, in particolar modo nella stima delle funzioni di densità di probabilità delle potenze reattive di linea e dei fattori di dissimmetria, per tutti i valori considerati dei coefficienti di correlazione (l'errore medio più elevato si riscontra nel caso II-B ed è pari al 35.14% mente l'errore massimo più elevato si riscontra sempre nel caso II-B ed è pari al 212.69%);

▸ gli errori medi e massimi delle simulazioni P-MLMC, Q-MLMC e S-MLMC sono sempre caratterizzati da valori simili;

▸ gli errori medi relativi alle simulazioni P-MLMC, Q-MLMC e S-MLMC sono sempre caratterizzati da valori accettabili (il valore più elevato dell'errore medio si riscontra nel caso II-B ed è pari al 1.89%);

▸ gli errori massimi relativi alle simulazioni P-MLMC, Q-MLMC e S-MLMC sono sempre caratterizzati da valori accettabili (inferiori al 5.5%), ad eccezione del caso II-B, nel quale gli errori massimi nella valutazione del valore atteso e del percentile al 95% dei flussi di potenza reattiva sono superiori al 5.5%.

Da quanto osservato segue che soltanto in pochissime situazioni alcune variabili aleatorie in uscita sono caratterizzate da errori non trascurabili e tali situazioni si riscontrano essenzialmente nel caso II-B.

Allo scopo di analizzare tali situazioni in maggiore dettaglio, sono state effettuate ulteriori applicazioni numeriche, nelle quali le distribuzioni bimodali in ingresso sono state fissate come nel caso II-A ma i coefficienti di correlazione sono stati fatti variare in un *range* compreso tra 0 e 0.8.

Nelle figure da II.11 a II.14 vengono riportati gli andamenti degli errori medi e massimi rispetto ai valori dei coefficienti di correlazione, prendendo in esame le variabili aleatorie in uscita che, dall'analisi della tabella II.13 (che riporta gli errori massimi nel caso II-B), risultano caratterizzate dagli errori massimi più elevati: il valore atteso ed il percentile al 95% delle potenze reattive di linea.

Dall'analisi di tali figure risulta chiaramente che, nel caso più generale, gli errori che caratterizzano tutte le tecniche di multi-linearizzazione sono accettabili anche in presenza di funzioni di densità di probabilità bimodali in ingresso; solo nel caso in cui i coefficienti di correlazione considerati sono particolarmente elevati (pari a 0.8), gli errori diventano maggiori del 5.5%.

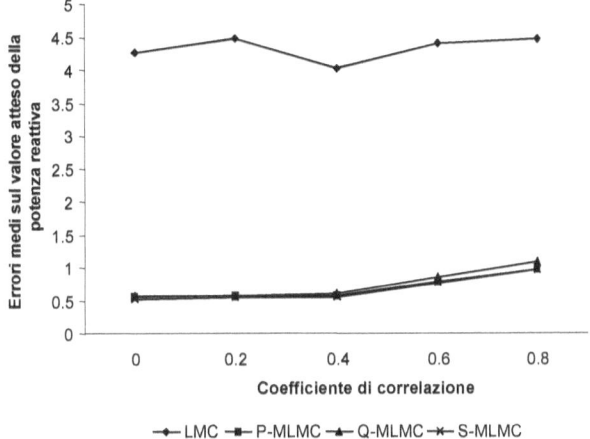

Figura II.11
Errori medi nella valutazione dei valori attesi dei flussi di potenza
reattiva sulle linee rispetto al valore dei coefficienti di correlazione

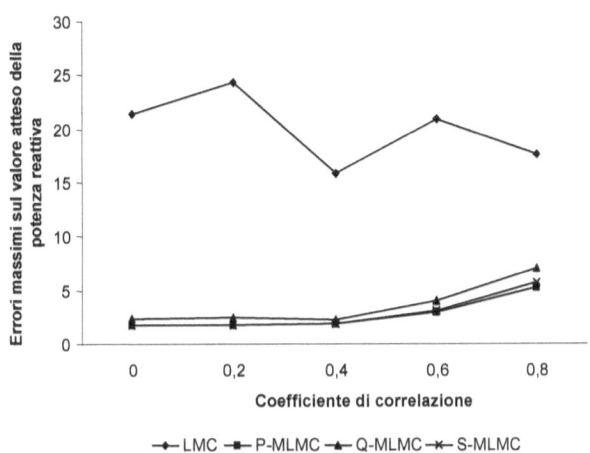

Figura II.12
Errori massimi nella valutazione dei valori attesi dei flussi di potenza
reattiva sulle linee rispetto al valore dei coefficienti di correlazione

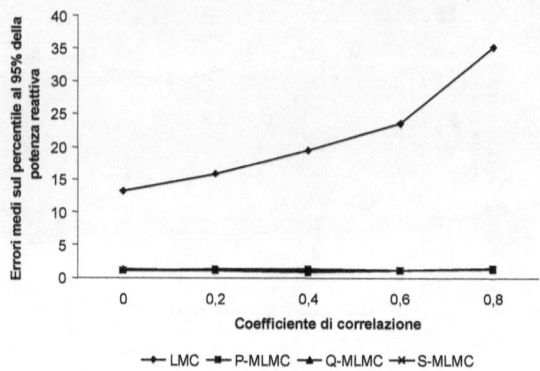

Figura II.13
Errori medi nella valutazione dei percentili al 95% dei flussi di potenza reattiva
sulle linee rispetto al valore dei coefficienti di correlazione

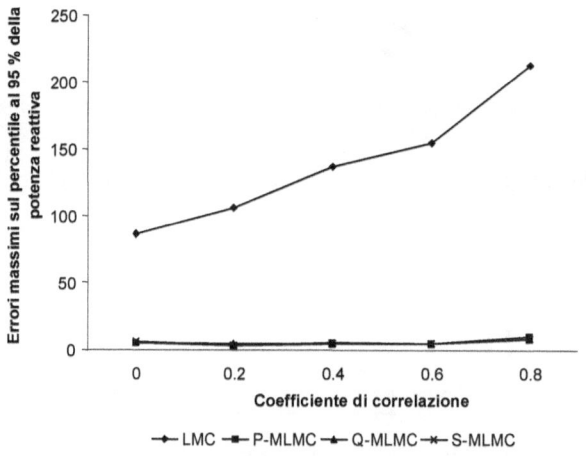

Figura II.14
Errori massimi nella valutazione dei percentili al 95% dei flussi di potenza reattiva
sulle linee rispetto al valore dei coefficienti di correlazione

In conclusione, sulla base dei risultati delle numerose applicazioni numeriche effettuate, è possibile dedurre che l'analisi Monte Carlo Linearizzata e l'analisi basata sull'utilizzo delle funzioni approssimanti di Pearson, in generale, non sono caratterizzate da errori eccessivamente elevati, ad eccezione del caso in cui alcune tra le variabili aleatorie in ingresso siano caratterizzate da distribuzioni di probabilità di tipo bimodale.

E' possibile, quindi, affermare che, limitatamente al confronto tra Monte Carlo Linearizzato, metodo delle funzioni approssimanti e procedura della convoluzione, la tecnica di analisi probabilistica che presenta maggiore accuratezza è quella Monte Carlo Linearizzata, che, però, perde accuratezza in presenza di distribuzioni di probabilità di tipo bimodale.

Allo scopo di consentire elevati livelli di accuratezza pur in presenza di distribuzioni di densità di probabilità in ingresso di tipo bimodale, pertanto, si può ricorrere all'applicazione delle procedure Monte Carlo Multi-Linearizzate, basate sulla considerazione della potenza attiva di carico totale del sistema o di quella reattiva o, infine, di quella apparente. Come evidenziato nelle applicazioni numeriche del caso 2, infatti, le procedure P-MLMC, Q-MLMC e S-MLMC sono caratterizzate da prestazioni tra loro simili e comunque superiori a quelle relative al LMC. Esse consentono, in generale, un'elevata accuratezza nella stima delle funzioni di densità di probabilità e, quindi, dei parametri statistici di interesse, di tutte la variabili aleatorie in uscita considerate; tale accuratezza può diminuire solo nel caso di presenza di distribuzioni di probabilità bimodali e valori particolarmente elevati di correlazione tra le variabili aleatorie in ingresso.

Dal punto di vista dell'onere computazionale richiesto, poi, l'analisi Monte Carlo Multi-Linearizzata richiede un tempo di calcolo leggermente superiore a quello richiesto dall'analisi Monte Carlo Linearizzata ma, in ogni caso, di gran lunga inferiore a quello richiesto da un'analisi Monte Carlo Non Lineare.

Appunti ed osservazioni

PARTE III

OTTIMIZZAZIONE DETERMINISTICA IN REGIME PERMANENTE DEI SISTEMI
ELETTRICI DISSIMMETRICI

Appunti ed osservazioni

10

SOMMARIO DELLA PARTE III

Nel presente parte del libro viene applicato il modello matematico per l'analisi in regime permanente dei sistemi elettrici trifase dissimmetrici allo scopo di sviluppare una procedura per l'allocazione ed il dimensionamento ottimali dei condensatori sulle reti di distribuzione, in condizioni di esercizio del tutto generali [1,4,5]. Tale procedura, implementata tramite un software in ambiente Matlab^{TM2} appositamente sviluppato nell'ambito delle attività di ricerca descritte nel volume, è stata validata per mezzo dell'applicazione sulla rete test *IEEE 34 Node Test Feeder* [12] ed i risultati di tale applicazione numerica saranno riportati nel capitolo 17.

---

[2] Matlab è un marchio registrato dalla The Mathworks

Appunti ed osservazioni

11

ALLOCAZIONE E DIMENSIONAMENTO

OTTIMALI DEI CONDENSATORI

Nelle reti di distribuzione i condensatori inseriti in parallelo vengono diffusamente utilizzati per molteplici scopi, in particolare per ridurre le perdite di potenza attiva, per migliorare il profilo di tensione lungo le linee e per aumentare i flussi di potenza attiva attraverso i cavi ed i trasformatori. Il problema esaminato nel presente paragrafo è quello della scelta ottimale dell'allocazione e della taglia dei condensatori inseriti in parallelo sulle reti di distribuzione al fine di minimizzare non solo le perdite di potenza attiva lungo la rete ma anche l'impatto che i condensatori inseriti hanno sulla rete stessa in termini di distorsione della tensione armonica nei nodi. Inoltre, in considerazione del fatto che le reti di distribuzione non sempre sono esercite con carichi equilibrati ma possono al contrario presentare condizioni di carico significativamente squilibrate, è stato portato in conto anche tale aspetto.

Il problema di ottimizzazione in questione è di tipo non lineare, a variabili miste (continue e discrete) e si presenta, pertanto, in generale piuttosto complesso ed oneroso in termini computazionali, per cui è evidente la necessità di sviluppare procedure semplificate che consentano il raggiungimento dell'obbiettivo desiderato in maniera sufficientemente accurata, ma con un onere computazionale accettabile.

In questa parte del libro, l'approccio presentato in [7] per i sistemi elettrici simmetrici viene esteso al caso più generale di un sistema elettrico dissimmetrico e viene sviluppato ulteriormente allo scopo di includere non soltanto le perdite di potenza attiva sulla rete ed i costi dei condensatori installati ma anche il costo della distorsione armonica. L'approccio proposto può essere impiegato sia nel caso in cui gli scenari di evoluzione dei carichi sono noti [1] sia nel caso in cui si operi in regime di incertezza degli stessi [4,5].

12

FORMULAZIONE DEL PROBLEMA

DI OTTIMIZZAZIONE

L'obbiettivo della procedura proposta è quello di determinare la collocazione e la taglia ottimali dei condensatori inseriti in parallelo su ciascuna fase di un sistema elettrico trifase dissimmetrico allo scopo di minimizzare il costo di installazione dei condensatori, il costo delle perdite totali di potenza attiva ed il costo totale della distorsione armonica nella rete. Tale obbiettivo deve essere conseguito nel rispetto delle equazioni di load flow trifase della rete alla fondamentale ed alle armoniche e di prefissati limiti sulle ampiezze delle tensioni nei nodi e delle correnti sulle linee, sugli indici armonici e sul numero totale di condensatori da installare.

Ne segue che il problema di ottimizzazione in questione può essere formulato come:

$$\begin{cases} \min_{\mathbf{U}} [J] = \min_{\mathbf{U}} [J_C + J_L + J_H] \\ \varphi = 0 \\ \psi \geq 0. \end{cases} \qquad (\text{III}.1)$$

Nella (III.1) si è indicato con $\mathbf{U}$ il vettore delle variabili di ottimizzazione, cioè delle unità di condensatori da installare in ciascun nodo. La funzione obbiettivo è indicata con J ed è costituita dalla somma di tre termini, che saranno definiti nel corso del capitolo successivo. I vincoli di uguaglianza, che rappresentano le equazioni di bilancio (equazioni del load flow trifase) alla frequenza fondamentale ed alle armoniche, sono indicati con φ mentre quelli di disuguaglianza, che rappresentano i vincoli tecnici da soddisfare (limiti sulle ampiezze delle tensioni e delle correnti, sugli indici di distorsione e sul numero massimo di condensatori), sono indicati con ψ.

13

LA FUNZIONE OBIETTIVO

La funzione obbiettivo è composta di tre termini: il costo dei condensatori (J_C), il costo delle perdite alla fondamentale (J_L) ed il costo della distorsione armonica (J_H), valutati per un assegnato livello di carico del sistema. La funzione obbiettivo è da considerarsi riferita ad una specificata condizione di carico del sistema (a questo caso si farà riferimento, per semplicità di esposizione, nel seguito); in presenza di significative variazioni giornaliere di carico, il problema di ottimizzazione deve essere risolto più volte, ciascuna con riferimento ad una specifica condizione di carico. Ciò richiede naturalmente l'installazione di banchi di capacità dotati della possibilità di inserire o disinserire i singoli condensatori in corrispondenza del fabbisogno specifico di potenza reattiva che si riscontra nella condizione di carico considerata.

Si fa, poi, notare che il generico termine di costo all'anno n ($K(n)$) è valutato con l'espressione:

$$K(n) = K_1 (1+\alpha)^{n-1}$$ (III.2)

dove si indica con K_1 il costo al primo anno e con α il tasso di variazione annua del costo del denaro, supposto costante di anno in anno. Il valore attuale K_{pw} del generico costo $K(n)$ all'anno n è dato dalla relazione seguente:

$$K_{pw} = \frac{K(n)}{(1+a)^{n-1}}$$ (III.3)

dove si è indicato con a il valore assunto per il tasso di attualizzazione.

13.1 IL COSTO DEI CONDENSATORI

Per quanto riguarda il costo dei condensatori, indicato nella (III.1) con J_C, si suppone che i banchi di condensatori siano costituiti da unità elementari di taglia prefissata; pertanto, il costo totale di installazione dei condensatori risulta dato da:

$$J_C = \mathbf{C_C} \cdot \mathbf{U} \tag{III.4}$$

dove $\mathbf{C_C}$ è il vettore dei costi dei banchi di capacità installati in ciascun nodo e, come detto in precedenza, $\mathbf{U}$ è il vettore delle variabili di ottimizzazione, cioè delle unità di condensatori da installare in ciascun nodo.

13.2 IL COSTO DELLE PERDITE ALLA FONDAMENTALE

Il secondo addendo che compare nella funzione obbiettivo (III.1) è il costo delle perdite alla fondamentale, indicato con J_L. Esso può essere calcolato per mezzo della relazione seguente:

$$J_L = \sum_{n=1}^{N_T} J_L(n) = (P_G - P_D)T_f \sum_{n=1}^{N_T} \frac{C_{e1}(1+\alpha_e)^{n-1}}{(1+a)^{n-1}} \tag{III.5}$$

dove C_{e1} è il costo unitario dell'energia persa alla fondamentale nel primo anno dell'intervallo temporale considerato, P_G è la potenza totale generata in corrispondenza della condizione di esercizio del sistema individuata dalla soluzione del problema di load flow alla fondamentale, P_D è la potenza di carico totale sul sistema valutata in corrispondenza della medesima condizione di esercizio, T_f è la durata dell'intervallo temporale per il quale si protrae la perdita di potenza considerata, α_e è il tasso di variazione del costo unitario dell'energia elettrica ed N_T è la durata di vita del sistema elettrico in esame.

13.3 I COSTI DELLA DISTORSIONE ARMONICA

Per ciò che concerne, infine, i costi legati alla distorsione della tensione sul sistema (J_H), si ha che essi possono essere scomposti nella somma dei costi di esercizio (J_H^1) e dei costi di invecchiamento dei componenti del sistema (J_H^2), valutati tenendo conto della presenza delle armoniche [8]:

$$J_H = J_H^1 + J_H^2. \tag{III.6}$$

I costi di esercizio alle armoniche sono dovuti alle perdite aggiuntive causate dalla presenza delle armoniche stesse e sono dati dalla seguente relazione:

$$J_H^1 = P_H T_H \sum_{n=1}^{N_T} \frac{C_{el}(1+\alpha_e)^{n-1}}{(1+a)^{n-1}} \tag{III.7}$$

nella quale si indicano con P_H le perdite totali di potenza attiva sui componenti del sistema elettrico a causa del transito delle correnti armoniche e con T_H la durata di tali perdite.

I costi di invecchiamento, invece, sono associati al precoce deterioramento dei componenti del sistema (cavi, trasformatori, condensatori, motori e così via) dovuto alla presenza della distorsione armonica e sono dati dalla relazione:

$$J_H^2 = \sum_{j=1}^{M} C_{ns,j} = \sum_{j=1}^{M} \sum_{i=1}^{n_{ns,j}} c_{ns,j}^{pw}(i) \tag{III.8}$$

in cui $C_{ns,j}$ rappresenta il costo totale da sostenere per le sostituzioni del *j*-esimo componente durante la vita del sistema, $c_{ns,j}^{pw}(i)$ è il valore attuale del costo da sostenere per acquistare per l'*i*-esima volta il *j*-esimo componente durante la vita del sistema e $n_{ns,j}$, infine, è il numero di volte in cui il componente *j*-esimo deve essere sostituito durante la vita del sistema.

Naturalmente, il costo da sostenere complessivamente per la sostituzione di un certo componente durante la vita del sistema ($C_{ns,j}$) è legato alla vita utile del componente stesso ($L_{ns,j}$), poichè dalla conoscenza della vita utile del componente è possibile valutare tanto il numero di volte in cui esso dovrà essere sostituito durante la vita del sistema quanto l'anno in cui ciascuna sostituzione dovrà essere effettuata.

Ne segue, perciò, che è necessario valutare la durata di vita utile del generico *j*-esimo componente del sistema elettrico in esame. Per effettuare tale valutazione occorre considerare in maniera adeguata le sollecitazioni di tipo termico e di tipo elettrico cui il componente viene sottoposto in presenza di distorsione armonica sulla rete alla quale è connesso e ciò può essere ottenuto tramite la procedura proposta in [9-10].

Appunti ed osservazioni

14

I VINCOLI DI UGUAGLIANZA

I vincoli di uguaglianza considerati nel problema di ottimizzazione in questione, indicati nella (III.1) con φ, rappresentano, come detto, le equazioni di bilancio (equazioni del load flow trifase) alla frequenza fondamentale ed alle armoniche.

14.1 EQUAZIONI DEL LOAD FLOW TRIFASE ALLA FREQUENZA FONDAMENTALE

I vincoli costituiti dal rispetto delle equazioni di bilancio alla frequenza fondamentale sono naturalmente espressi per mezzo delle equazioni del load flow trifase alla fondamentale. Tali equazioni non necessitano qui di ulteriori commenti, in quanto sono state sviluppate ed ampiamente commentate nel capitolo 2.

14.2 EQUAZIONI DEL LOAD FLOW TRIFASE ALLE ARMONICHE

Per lo studio del comportamento a regime permanente dei sistemi elettrici trifase dissimmetrici in presenza di inquinamento armonico sono reperibili in letteratura numerosi metodi. Alcuni di essi, che operano esclusivamente nel dominio del tempo, si basano sulla rappresentazione delle condizioni di equilibrio elettrico del sistema per mezzo di equazioni differenziali, dalla cui risoluzione viene determinato lo stato elettrico del sistema. Altri, invece, operano nel dominio della frequenza, considerando i carichi non lineari alla stregua di generatori di correnti armoniche ed associando a ciascuna armonica di corrente la corrispondente armonica di tensione. Altri ancora, infine, si basano sulla risoluzione di opportune equazioni, espresse in parte nel dominio del tempo ed in parte in quello della frequenza, per mezzo dell'applicazione di procedure di tipo iterativo.

I metodi impiegati più frequentemente nell'analisi dei sistemi elettrici alle armoniche, pertanto, possono essere riassunti come segue:

▸   metodo "*diretto*";
▸   metodo di analisi nel dominio del tempo;
▸   metodo dei flussi di potenza alle armoniche;
▸   metodo "*iterativo*".

Il metodo diretto viene applicato all'analisi dei sistemi elettrici dissimmetrici nel caso in cui il contenuto armonico non sia eccezionalmente elevato; il metodo dei flussi di potenza alle armoniche, allo stato attuale, viene utilizzato limitatamente al caso di analisi di sistemi elettrici simmetrici, anche se sono note versioni valide per i sistemi dissimmetrici. Per quanto riguarda, poi, il metodo di analisi nel dominio del tempo e quello iterativo, occorre rilevare che essi sono caratterizzati da elevato onere computazionale.

Nel presente volume, coerentemente con le indicazioni dello *IEEE PES Working Group on Harmonics Modelling and Simulation* [11-12], viene impiegato il metodo diretto, di seguito illustrato.

Il metodo diretto consente di valutare le armoniche di tensione nei nodi del sistema elettrico per assegnati valori delle armoniche di corrente immesse in rete da ciascun carico non lineare. Tale metodo, come detto in precedenza, viene utilizzato prevalentemente per l'analisi alle armoniche di sistemi elettrici dissimmetrici in presenza di inquinamento armonico non troppo elevato.

Il calcolo delle armoniche di tensione nei nodi del sistema elettrico viene svolto nel dominio della frequenza, tramite la risoluzione di un sistema di equazioni lineari per ciascuna armonica "h" considerata. Tale sistema di equazioni è espresso in forma matriciale come:

$$\left[\overline{I}^h\right] = \left[\overline{Y}^h\right] \cdot \left[\overline{V}^h\right] \qquad\qquad (III.9)$$

dove $\left[\overline{I}^h\right]$ e $\left[\overline{V}^h\right]$ sono, rispettivamente, il vettore delle correnti immesse in rete dai carichi non lineari e quello delle tensioni di fase mentre $\left[\overline{Y}^h\right]$ è la matrice delle ammettenze nodali, in trifase.

Nella costruzione della matrice $\left[\dot{Y}^h\right]$, per ciascun componente del sistema e per ciascuna armonica considerata, vengono impiegati i corrispondenti circuiti trifase equivalenti. Tali modelli sono derivati da una biblioteca di componenti realizzata dalla *IEEE Task Force on Harmonics Modelling and Simulation* e raccolti nella pubblicazione [11].

Il sistema analizzato è a corrente impressa ed i termini del vettore $\left[\bar{I}^h\right]$ possono essere ricavati in due modi: per via teorica, noti i modelli matematici dei carichi non lineari, oppure per via empirica, tramite l'analisi di dati sperimentali.

Appunti ed osservazioni

15

I VINCOLI DI DISUGUAGLIANZA

I vincoli di disuguaglianza che compaiono nel problema di ottimizzazione (III.1), come detto, portano in conto i vincoli tecnici da soddisfare, in genere, sulle tensioni, alla fondamentale ed alle armoniche, sui fattori di distorsione totali e sulle correnti circolanti alla fondamentale. Inoltre, possono anche essere considerati vincoli sul numero massimo di condensatori da installare nei nodi del sistema elettrico.

15.1 VINCOLI SULLE TENSIONI ALLA FREQUENZA FONDAMENTALE E ALLE ARMONICHE

I vincoli sulle tensioni sono espressi dalle relazioni:

$$\left(V_i^{\,p}\right)^h \leq \left(V_i^{\,p}\right)^h_{\max} \tag{III.10}$$

$$V_i^{\,p} \leq \left(V_i^{\,p}\right)_{\max} \tag{III.11}$$

dove:

$p = 1, 2, 3$

$i = 1, ..., N_c + N_g$

$h \neq 1; h \leq \mathrm{H}_{\max,}$

avendo indicato con $\left(V_i^{\,p}\right)^h_{\max}$ il valore di vincolo dell'armonica di tensione di ordine "h" nella fase "p" del nodo "i" e con $\mathrm{H}_{\max}$ il massimo ordine di armonica considerato.

15.2 VINCOLI SUI FATTORI DI DISTORSIONE TOTALI

I vincoli sui fattori di distorsione totali sono espressi tramite le relazioni:

$$\frac{\sqrt{\sum_{h \neq 1}\left[\left(V_i^p\right)^h\right]^2}}{V_i^p} \leq \left(THD_i^p\right)_{\max} \tag{III.12}$$

$$i = 1, ..., N_c + N_g$$

nelle quali $\left(THD_i^p\right)_{\max}$ rappresenta il valore di vincolo del fattore di distorsione armonica totale nella fase "p" del nodo "i".

15.3 VINCOLI SULLE CORRENTI CIRCOLANTI ALLA FREQUENZA FONDAMENTALE

I vincoli sulle correnti circolanti alla frequenza fondamentale si traducono nelle relazioni:

$$I_{ij}^{pp} \leq \left(I_{ij}^{pp}\right)_{\max}$$
$$p = 1, 2, 3$$
$$i = 1, ..., N_c + N_g \tag{III.13}$$
$$j = 1, ..., N_c + N_g$$

dove "i" e "j" indicano nodi direttamente connessi tramite linee.

Nelle (I.49) I_{ij}^{pp} rappresenta la corrente in partenza dalla fase "p" della linea che collega i nodi "i" e "j" ed $\left(I_{ij}^{pp}\right)_{\max}$ ne indica il valore di vincolo.

16

PROCEDURA DI SOLUZIONE

Per la soluzione del problema di ottimizzazione in esame, in questo libro viene proposto un metodo semplice ed efficace, che costituisce un'estensione al caso dei sistemi dissimmetrici e squilibrati della procedura sviluppata ed impiegata per i sistemi simmetrici in [7].

Tale metodo, di tipo euristico, seppure non necessariamente fornisce la soluzione esattamente ottimale al problema in esame, è tuttavia in grado di rendere disponibile una soluzione sub-ottimale che in genere non è molto diversa da quella ottimale vera e propria.

L'idea di base sulla quale si fonda il metodo euristico proposto è quella dell'allocazione sequenziale di unità di condensatori nei vari nodi della rete.

Allo scopo di rendere più chiara l'esposizione, nella figura III.1 è riportato il diagramma di flusso della procedura proposta. Per semplicità di trattazione, tale diagramma si riferisce ad un unico livello di carico e di generazione.

Inizialmente, una stessa unità di condensatori è installata in successione in tutti i nodi della rete e vengono calcolati i valori assunti dalla funzione obbiettivo in corrispondenza dell'inserzione di tale banco di capacità in ciascun nodo. Il calcolo dei valori della funzione obbiettivo viene effettuato usando come valori delle variabili di stato alla fondamentale quelli che si ottengono attraverso l'impiego dei risultati di un metodo semplificato basato su di un'opportuna manipolazione delle equazioni di load flow trifase.

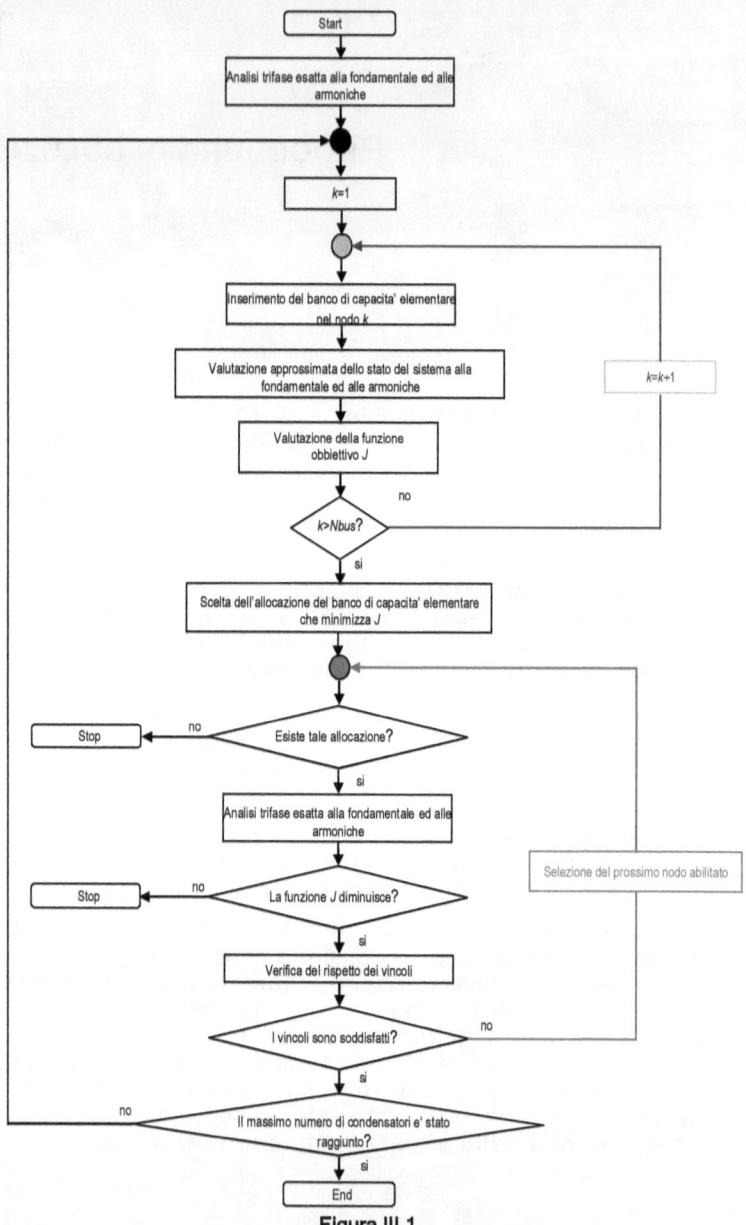

Figura III.1
Diagramma di flusso della procedura per l'allocazione ed il dimensionamento ottimali
dei condensatori nelle reti elettriche trifase dissimmetriche

Questo metodo semplificato si basa sull'osservazione che l'unica modifica introdotta all'atto dello spostamento dell'unità di capacità da un nodo a quello successivo consiste nel fatto che viene eliminata un'unità di condensatori dall'ultimo nodo considerato e ne viene inserita una nuova nel nodo che ci si accinge ad esaminare.

Ne segue che, se si indica con $\mathbf{X}_0$ il vettore di stato alla fondamentale in assenza dell'ultima unità di condensatori da aggiungere e con $\mathbf{U}_0$ il corrispondente vettore delle unità di condensatori già installate, dall'equazione di load flow trifase:

$$f(\mathbf{X}, \mathbf{U}) = 0, \tag{III.14}$$

tramite un opportuno sviluppo in serie di Taylor arrestato al primo ordine, si ottiene:

$$[F_X(\mathbf{X}_0, \mathbf{U}_0)][d\mathbf{X}] = -[F_U(\mathbf{X}_0, \mathbf{U}_0)]du_i. \tag{III.15}$$

Nelle (III.15), du_i è l'unità di condensatori aggiunta al nodo "i" ed F_X e F_U sono i gradienti della funzione $f(\mathbf{X}, \mathbf{U})$ rispetto ad $\mathbf{X}$ e ad $\mathbf{U}$.

In ciascun passo del metodo proposto, noto il vettore di stato $\mathbf{X}_0$ antecedente l'ultima inserzione di un'unità di condensatori, il nuovo vettore di stato $\mathbf{X}'$ si ottiene risolvendo le (III.15) rispetto all'incognita $d\mathbf{X}$, essendo du_i un termine noto in quanto rappresenta l'unità di condensatori aggiunta nel passo in esame. Il nuovo vettore di stato, pertanto, è dato da:

$$\mathbf{X}' = \mathbf{X}_0 + d\mathbf{X}. \tag{III.16}$$

Oltre al calcolo approssimato delle variabili di stato alla frequenza fondamentale, per ogni posizione dell'unità di condensatori si applicheranno le (III.9) al fine di conoscere il valore delle armoniche di tensione in tutti i nodi del sistema.

La procedura fin qui esposta, poi, verrà ripetuta per tutti i nodi candidati all'allocazione, in maniera tale che, noto il vettore di stato alla fondamentale ed alle armoniche di tensione in ogni possibile nodo, sarà selezionata come ipotetica soluzione ottimale quella caratterizzata dal più basso valore della funzione obbiettivo J, calcolata tramite tali valori.

Poiché, però, non stati ancora verificati i vincoli di disuguaglianza del problema di ottimizzazione, la soluzione così ottenuta non è ancora da considerare definitiva bensì "approssimata". Pertanto, al fine di verificare il soddisfacimento dei vincoli, si risolvono con il metodo Newton-Raphson, descritto nel capitolo 2, le equazioni del load flow trifase completo, date dalle (I.2), (I.3), (I.4), (I.6), (I.7) e (I.8) ed a questo punto, noto il vettore di stato esatto, si procede alla verifica del soddisfacimento dei vincoli.

Se da tale verifica risulta che la soluzione "approssimata" proposta garantisce il soddisfacimento dei vincoli e se in corrispondenza del vettore di stato esatto si calcola un valore della funzione obbiettivo effettivamente minore di quello ottenuto al passo precedente, allora tale soluzione si assume essere quella definitiva per il passo corrente e si procede all'installazione di un'ulteriore unità di condensatori.

Qualora, invece, la verifica del soddisfacimento dei vincoli non sia soddisfatta oppure risulti soddisfatta, ma in corrispondenza del vettore di stato esatto si calcola un valore della funzione obbiettivo che rispetto a quello del passo precedente si rivela essere più elevato, si scarta la soluzione testata e la medesima procedura di verifica del rispetto dei vincoli e dell'effettiva diminuzione del valore assunto dalla funzione obbiettivo viene applicata alla soluzione immediatamente successiva nella graduatoria dei valori "approssimati" della funzione obbiettivo J.

Se non esistono soluzioni che, alla luce del load flow trifase esatto, sono caratterizzate dal soddisfacimento dei vincoli e da un valore della funzione obbiettivo inferiore a quello assunto nel passo precedente, la procedura di ottimizzazione si arresta.

E' utile notare che, dal punto di vista teorico, nella pratica si impongono dei vincoli sia sul numero di condensatori da installare in ciascun nodo (teoricamente anche nessuno), sia sulle caratteristiche che questi possono avere in termini di tipologia (banchi monofase, bifase o trifase) e sia, infine, in termini di potenze reattive installabili.

Inoltre, come evidente dalla precedente descrizione, la procedura proposta in questo libro considera adeguatamente e senza eccessive complicazioni logiche i vincoli fisici che derivano tanto dalla natura discreta delle unità di capacità utilizzate quanto dal fatto che i banchi di condensatori da installare possono essere di tipo trifase, bifase oppure monofase, in dipendenza dalla tipologia del nodo considerato per l'allocazione.

Essa, poi, richiede un onere computazionale non eccessivo, in quanto l'analisi di load flow trifase esatta, tanto più onerosa in termini computazionali quanto più la rete considerata è estesa, viene effettuata solo dopo che è stata operata una prima scelta per la possibile collocazione ottimale del banco di capacità elementare, mentre i risultati delle numerose allocazioni di tentativo necessarie per poter operare questa scelta vengono valutati utilizzando il load flow trifase approssimato, molto meno oneroso in termini computazionali rispetto a quello esatto.

Appunti ed osservazioni

17

ESEMPI

Nel presente capitolo vengono presentate le applicazioni numeriche tramite le quali è stata verificata la procedura per l'allocazione ed il dimensionamento ottimali dei condensatori descritta nella parte III del libro. Le applicazioni numeriche relative alla procedura di allocazione e dimensionamento ottimali dei condensatori sono state effettuate con riferimento alla rete test "*IEEE 34 Node Test Feeder*" [12].

17.1 IEEE 34 NODE TEST FEEDER

La tecnica proposta per l'allocazione ed il dimensionamento ottimali dei condensatori nei sistemi elettrici trifase dissimmetrici è stata implementata in ambiente Matlab[TM][3] ed è stata applicata impiegando la rete test "*IEEE 34 Node Test Feeder*" [12]. In tale rete, il cui schema è riportato nella Figura III.2, sono stati considerati come nodi candidati unicamente quelli in media tensione; essa è una rete dissimmetrica, il cui numero totale di nodi di fase è pari a 83.

Il livello di tensione della rete test è di 24.9 kV e la sola sottostazione elettrica presente sul sistema, collocata a monte del nodo trifase identificato con il numero 800, comprende un trasformatore con tensione nominale primaria pari a 69 kV e tensione nominale secondaria pari a 24.9 kV.

La rete riportata nella figura III.2 contiene sia linee che carichi monofase e trifase. In particolare, le linee 808-810, 816-818, 818-820, 820-822, 824-826, 854-856, 858-864 e 862-838 sono di tipo monofase mentre le rimanenti sono di tipo trifase. Allo scopo di enfatizzare il costo della distorsione armonica, le linee 832-858, 842-844, 844-846,

---

[3] Matlab è un marchio registrato della The Mathworks.

846-848 e 834-860 sono state considerate come linee in cavo.

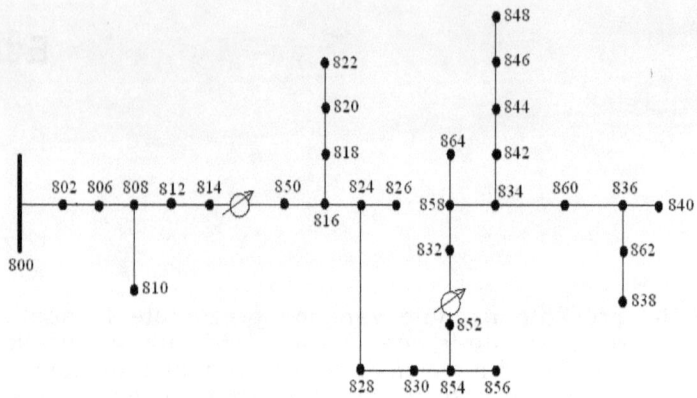

Figura III.2
IEEE 34 Node Test Feeder

La descrizione completa della rete test e tutti i dati ad essa relativi, che non vengono qui riportati per ovvi motivi di semplicità, sono riportati in [12] mentre, per ciò che concerne i dati utilizzati per le linee in cavo, essi sono riportati in [48].

Il sistema contiene carichi lineari, non lineari, equilibrati e squilibrati. I valori dei carichi lineari sono riportati nella tabella III.1. I carichi non lineari, poi, ai quali è associata la generazione di armoniche, includono lampade fluorescenti, azionamenti a velocità regolabile, personal computers, televisori e così via. I dati che caratterizzano i carichi non lineari presenti sul sistema elettrico sono stati scelti in maniera tale che il livello di distorsione armonica sul sistema prima dell'inserimento dei condensatori non eccedesse i limiti raccomandati dallo standard *IEEE-519* [49]. Le iniezioni di correnti armoniche dovute ai carichi non lineari sono riportate nella tabella III.2 mentre i nodi in cui tali carichi sono collocati e la corrispondente composizione dei carichi non lineari sono riportati nella tabella III.3.

Tabella III.1
Carichi lineari

Nodo	Fase 1		Fase 2		Fase 3	
	kW	kVAr	kW	kVAr	kW	kVAr
806	0	0	30	15	25	14
810	0	0	16	8	0	0
820	34	17	0	0	0	0
822	135	70	0	0	0	0
824	0	0	5	2	0	0
826	0	0	40	20	0	0
828	0	0	0	0	4	2
830	16.95	7.98	9.86	4.93	24.55	9.82
858	7	3	2	1	6	3
834	4	2	15	8	13	7
844	152.41	116.54	142.97	111.20	143.51	111.62
846	0	0	25	12	20	11
848	20	16	43	27	20	16
860	36	24	40	26	130	71
836	30	15	10	6	42	22
840	27.27	16.21	31.26	18.2	9.28	7.22
838	0	0	28	14	0	0
864	2	1	0	0	0	0
832	150.75	69.55	147.51	68.78	148.18	68.50
856	0	4	0	2	0	0

Per quanto riguarda i condensatori, si è supposto che essi siano unità discrete, a ciascuna delle quali compete una potenza reattiva capacitiva nominale pari a 50 kVAr. La scelta di tale valore di potenza reattiva per l'unità elementare deriva dalla necessità di testare la procedura proposta andando a collocare un numero sufficientemente elevato di banchi di condensatori.

Tabella III.2
Armoniche di corrente

Ordine di armonica	Lampade fluorescenti		Azionamenti		Altro	
	Valore efficace (p.u.)	Fase (gradi)	Valore efficace (p.u.)	Fase (gradi)	Valore efficace (p.u.)	Fase (gradi)
1	1	-41.2	1	-1.5	1	-35.0
2	0	0	0	0	0	0
3	0.08	273.4	0.2168	0.7	0.0028	-105.8
4	0	0	0	0	0.038	-167.4
5	0.0428	339.0	0.0608	110.8	0.0008	-275.5
6	0	0	0	0	0.0332	-42.6
7	0.0084	137.7	0.0276	151.9	0	0
8	0	0	0	0	0.002	-247.8
9	0.0056	263.2	0.0172	-95.0	0	0
10	0	0	0	0	0	0
11	0.0036	39.8	0.0144	-13.9	0	0
12	0	0	0	0	0	0
13	0.0024	182.4	0.0116	95.2	0	0
14	0	0	0	0	0	0
15	0.002	287.0	0.01	-182.7	0	0

Tabella III.3
Ubicazione e composizione dei carichi non lineari

Nodo	Composizione dei carichi non lineari					
830	15%	Lampade fluorescenti	20%	Azionamenti	15%	Altro
832	30%	Lampade fluorescenti	0%	Azionamenti	60%	Altro
840	20%	Lampade fluorescenti	20%	Azionamenti	20%	Altro
844	15%	Lampade fluorescenti	20%	Azionamenti	15%	Altro
848	0%	Lampade fluorescenti	0%	Azionamenti	60%	Altro
860	10%	Lampade fluorescenti	10%	Azionamenti	20%	Altro

I valori utilizzati, poi, per il costo unitario dei condensatori e per il costo dell'energia sono ricavati rispettivamente da [50] e da [51]; in particolare, il costo dell'unità elementare di capacità è stato considerato pari a 500 $ mentre il costo dell'energia è stato considerato pari 0.0192 $/kWh. Si è assunto, inoltre, che questi costi abbiano un incremento annuale del 2% e che il tasso di sconto, in base al quale viene effettuata l'attualizzazione, sia pari al 5%.

Per quanto riguarda, infine, i valori limite dei vincoli di disuguaglianza che sono stati considerati nelle simulazioni, essi sono diversi in dipendenza dell'applicazione numerica considerata e verranno pertanto indicati di volta in volta nel prosieguo.

Sono state effettuate varie applicazioni numeriche della procedura proposta, ciascuna in condizioni diverse. Alcune di tali applicazioni sono descritte nel seguito.

17.2 CASO 1

In questa applicazione, i limiti sui valori efficaci delle tensioni, alla fondamentale ed alle armoniche, e sulla distorsione armonica totale sono i seguenti:

▶ per i valori efficaci delle tensioni alla fondamentale: 105%;
▶ per i valori efficaci delle tensioni armoniche: 3%;
▶ per la distorsione armonica totale: 5%.

In questo caso, il problema di ottimizzazione è stato risolto sia nel caso in cui il costo totale delle armoniche è inserito nella valutazione della funzione obbiettivo sia nel caso in cui tale costo non è considerato, e ciò allo scopo di evidenziare la rilevanza di tale costo nell'ambito della procedura di ottimizzazione. Nel calcolo dei costi di invecchiamento dei componenti, poi, è stato considerato solo il costo di invecchiamento dei cavi, in virtù del fatto che essi sono i componenti maggiormente sensibili alla presenza di armoniche.

I risultati ottenuti dall'applicazione della procedura proposta sono riportati nella tabella III.4 - Caso 1.

Come può facilmente notarsi, mentre la maggior parte delle allocazioni dei condensatori rimane la stessa (in particolare nei nodi 812, 816, 836, 848, 854, 820, 822 e 856), le due soluzioni, con e senza i costi delle armoniche, differiscono per quanto attiene il nodo 844. Infatti, trascurando i costi delle armoniche, nel nodo trifase 844 vengono collocati due condensatori mentre, nel caso in cui i costi delle armoniche vengono inseriti nella valutazione della funzione obbiettivo, nel medesimo nodo risulta necessario un solo condensatore.

La figura III.3, poi, mostra l'andamento della funzione obbiettivo *J* nei due casi considerati, cioè quando il costo delle armoniche non viene considerato e quando, invece, anche tale costo viene portato in conto nella valutazione della funzione obbiettivo stessa. In tale figura, la linea a tratto pieno rappresenta l'andamento della funzione obbiettivo fino a quando viene raggiunta la soluzione ottimale mentre la linea tratteggiata indica come la funzione obbiettivo *J* continuerebbe ad evolvere se la procedura di ottimizzazione non venisse terminata al raggiungimento del punto di ottimo.

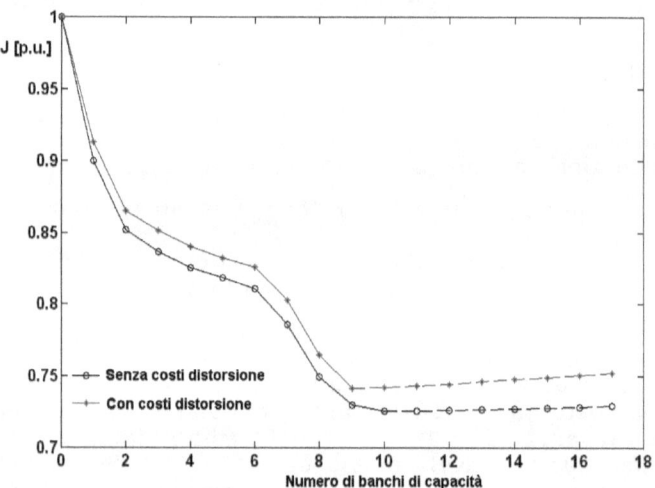

Figura III.3
Caso 1 - Variazione della funzione obbiettivo rispetto al numero di banchi di capacità inseriti

Tabella III.4
Risultati delle applicazioni numeriche della procedura per l'allocazione ed il dimensionamento ottimali dei condensatori sui sistemi elettrici trifase dissimmetrici

Nodo	Fase	Caso 1		Caso 2		Caso 3	
		Senza costo distorsione armonica (kVAr)	Con costo distorsione armonica (kVAr)	Senza costo distorsione armonica (kVAr)	Con costo distorsione armonica (kVAr)	Senza costo distorsione armonica (kVAr)	Con costo distorsione armonica (kVAr)
842	1			1x50			
	2			1x50			
	3			1x50			
812	1	1x50	1x50				
	2	1x50	1x50				
	3	1x50	1x50				
814	1						2x50
	2						2x50
	3						2x50
816	1	1x50	1x50		1x50	1x50	1x50
	2	1x50	1x50		1x50	1x50	1x50
	3	1x50	1x50		1x50	1x50	1x50
820	1	1x50	1x50				
	2						
	3						
822	1	1x50	1x50	1x50			
	2						
	3						
824	1			1x50			1x50
	2			1x50			1x50
	3			1x50			1x50
832	1			1x50	1x50	2x50	1x50
	2			1x50	1x50	2x50	1x50
	3			1x50	1x50	2x50	1x50
834	1			1x50		1x50	1x50
	2			1x50		1x50	1x50
	3			1x50		1x50	1x50
836	1	1x50	1x50	1x50	1x50	1x50	1x50
	2	1x50	1x50	1x50	1x50	1x50	1x50
	3	1x50	1x50	1x50	1x50	1x50	1x50
844	1	2x50	1x50	1x50	1x50	1x50	1x50
	2	2x50	1x50	1x50	1x50	1x50	1x50
	3	2x50	1x50	1x50	1x50	1x50	1x50
846	1			1x50	1x50	1x50	1x50
	2			1x50	1x50	1x50	1x50
	3			1x50	1x50	1x50	1x50
848	1	1x50	1x50				
	2	1x50	1x50				
	3	1x50	1x50				
850	1					1x50	
	2					1x50	
	3					1x50	
854	1	1x50	1x50				
	2	1x50	1x50				
	3	1x50	1x50				
856	1						
	2	1x50	1x50				
	3						
Valore della funzione obiettivo [p.u.]		0.726	0.742	0.720	0.728	0.703	0.704

17.3 CASO 2

In questo caso viene considerato l'effetto che hanno sulla procedura di ottimizzazione i vincoli imposti ai valori delle tensioni alla fondamentale ed alle armoniche e della distorsione armonica totale nei nodi. Spesso, infatti, i vincoli specificati sono basati sull'esperienza di coloro che effettuano la procedura di ottimizzazione e non riflettono i limiti reali; testando, pertanto, la sensibilità del problema di ottimizzazione rispetto ai valori dei vincoli considerati, è possibile migliorare le prestazioni dell'algoritmo di ottimizzazione stesso.

Viene riesaminato a tale scopo il problema trattato nel caso 1, dopo aver proceduto, però, ad un rilassamento dei limiti, allo scopo di esaminare la loro influenza sul risultato del processo di ottimizzazione. In particolare, i valori di vincolo considerati in questa applicazione numerica sono i seguenti:

▸ per i valori efficaci delle tensioni alla fondamentale: 110%;
▸ per i valori efficaci delle tensioni armoniche: 5%;
▸ per la distorsione armonica totale: 8%.

I risultati ottenuti dall'applicazione della procedura proposta sono riportati nella tabella III.4 - Caso 2.

Dall'esame dei risultati si deduce che, sia trascurando i costi della distorsione armonica che portandoli in conto, il numero di condensatori richiesto è inferiore a quello ottenuto nel caso 1. Ciò è dovuto al fatto che, nel caso 2, il rilassamento dei limiti consente di inserire i condensatori nelle posizioni più convenienti; nel caso 1, invece, risulta spesso necessario rinunciare alle allocazioni che consentirebbero la maggiore riduzione della funzione obbiettivo, in quanto esse comporterebbero il superamento dei limiti. Vi è da osservare, però, confrontando l'ultima riga della predetta tabella per i due casi esaminati, che, sia nel caso in cui i costi armonici siano tenuti in conto sia nel caso in cui tali costi non siano valutati, la considerazione di vincoli rilassati permette il raggiungimento di una soluzione migliore rispetto a quella ottenuta nel caso di vincoli rigidi. Infatti, come evidente dalla tabella in oggetto, considerando i vincoli rilassati (caso 2) il valore di ottimo della funzione obbiettivo risulta inferiore a quello ottenuto nel caso di vincoli rigidi (caso 1).

17.4 CASO 3

Lo scopo di questa applicazione numerica è quello di illustrare i vantaggi derivanti dall'uso della tecnica di ottimizzazione proposta (che considera il sistema elettrico trifase in esame come dissimmetrico e con carichi squilibrati) rispetto al caso in cui nella procedura di ottimizzazione il sistema elettrico in studio venga considerato simmetrico ed equilibrato. In mancanza di un metodo per la collocazione ed il dimensionamento ottimali dei condensatori su reti elettriche trifase dissimmetriche del tipo di quello proposto nel presente volume, si potrebbe, infatti, cercare di ottenere una soluzione approssimata al problema di ottimizzazione in questione facendo uso di un metodo di allocazione e dimensionamento che consideri un sistema simmetrico ed equilibrato e, pertanto, lavori sul circuito monofase equivalente della rete. Questo implica che tutti i carichi squilibrati e le linee strutturalmente dissimmetriche vanno sostituiti con componenti simmetrici e, pertanto, la soluzione del processo di ottimizzazione sarà in generale diversa da quella ottenuta considerando il sistema reale. La presente applicazione numerica ha appunto lo scopo di analizzare gli errori derivanti da una tale approssimazione.

In particolare, nel caso in oggetto, i risultati della procedura di ottimizzazione ottenuti nel caso 1 vengono confrontati con quelli ottenuti dalla considerazione di una rete test equivalente a quella di partenza, ma resa simmetrica ed equilibrata.

Pertanto, la procedura di ottimizzazione proposta nella parte III del libro viene applicata alla rete simmetrica ed equilibrata ottenuta dall'approssimazione del sistema dissimmetrico analizzato nel caso 1 tramite un sistema simmetrico. Tale "simmetrizzazione fittizia" viene ottenuta rendendo simmetriche tutte le linee (nel senso che tutte le linee vengono considerate trifase e strutturalmente simmetriche) per mezzo della procedura proposta in [52].

I risultati ottenuti dall'applicazione della procedura proposta sono riportati nella tabella III.4 - Caso 3.

Sia considerando il costo della distorsione armonica nella valutazione della funzione obbiettivo sia non considerandolo, un singolo condensatore viene inserito nei nodi 816, 834, 836, 844 e 846. Inoltre, senza considerare il costo delle armoniche, nel nodo 832 vengono collocati due banchi di capacità e nel nodo 850 ne viene collocato uno; invece, nel caso in cui i costi delle armoniche vengano considerati, nel nodo 832 viene inserito un solo banco di capacità, così come nel nodo 824, mentre nel nodo 814 ne vengono collocati due.

Un confronto tra i risultati ottenuti nel caso 1 e quelli ottenuti in questo caso mostra che le soluzioni sono significativamente diverse, non solo per quanto concerne il numero di condensatori inseriti ma anche per le collocazioni scelte. Tale confronto può essere effettuato tanto dall'analisi della tabella III.4 quanto dall'analisi delle figure III.4 e III.5, le quali mostrano, rispettivamente, i risultati ottenuti nel caso di rete dissimmetrica (caso 1) e nel caso di rete simmetrizzata (caso 3), considerando anche il costo della distorsione armonica.

In particolare, in entrambe le figure ogni condensatore elementare indicato ha una potenza reattiva di 50kVAr ed i condensatori indicati in nero sono quelli comuni ad entrambi i casi. I banchi di capacità indicati in rosso nella figura III.4, invece, sono quelli che si riscontrano solo nel caso 1 mentre quelli indicati in blu nella figura III.5 sono quelli che si ottengono solo nel caso 2.

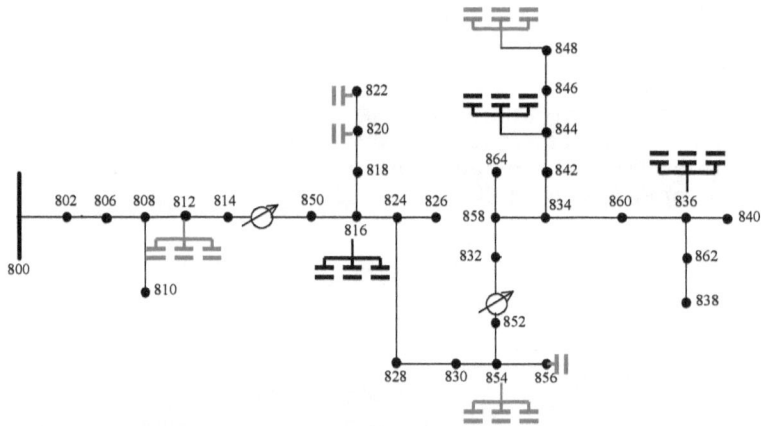

Figura III.4
Allocazioni e dimensionamenti ottimali ottenuti nel caso 1, considerando anche il costo della distorsione armonica

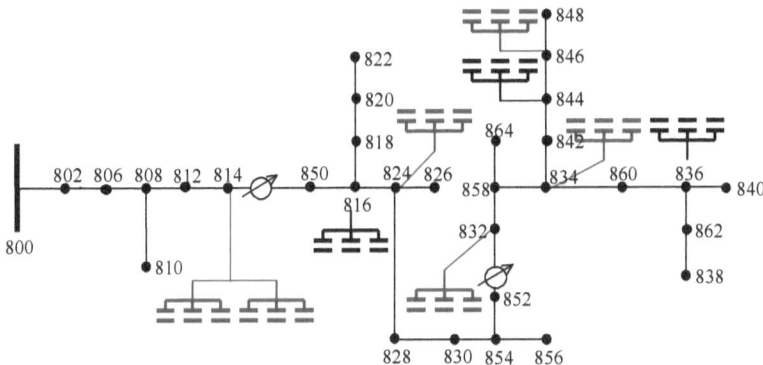

Figura III.5
Allocazioni e dimensionamenti ottimali ottenuti nel caso 3, considerando anche il costo
della distorsione armonica

In conclusione, sulla base dei risultati delle numerose applicazioni numeriche effettuate, è possibile affermare che la procedura proposta nel libro per l'allocazione ed il dimensionamento ottimali dei condensatori nelle reti elettriche trifase dissimmetriche è efficace nel determinare una soluzione sub-ottimale del problema di ottimizzazione considerato. Essa è sufficientemente semplice nella sua struttura e richiede un onere computazionale limitato.

Appunti ed osservazioni

APPENDICE

RETI TEST IEEE

Le informazioni riportate nel seguito sono state attinte dal sito Internet dello *Institute of Electrical and Electronics Engineers* (IEEE), liberamente consultabile all'indirizzo www.ieee.org, al quale si rimanda per ulteriori dati.

18

IEEE 13 NODE TEST FEEDER

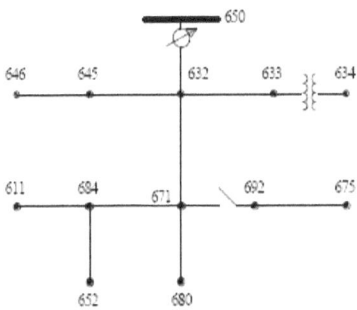

Overhead Line Configuration Data:

Config.	Phasing	Phase	Neutral	Spacing
		ACSR	ACSR	ID
601	B A C N	556.500 26/7	4/0 6/1	500
602	C A B N	4/0 6/1	4/0 6/1	500
603	C B N	1/0	1/0	505
604	A C N	1/0	1/0	505
605	C N	1/0	1/0	510

Underground Line Configuration Data:

Config.	Phasing	Cable	Neutral	Space ID
606	A B C N	250.000 AA, CN	None	515
607	A N	1/0 AA, TS	1/0 Cu	520

Line Segment Data:

Node A	Node B	Length(ft.)	Config.
632	645	500	603
632	633	500	602
633	634	0	XFM-1
645	646	300	603
650	632	2000	601
684	652	800	607
632	671	2000	601
671	684	300	604
671	680	1000	601
671	692	0	Switch
684	611	300	605
692	675	500	606

Transformer Data:

	kVA	kV-high	kV-low	R - %	X - %
Substation	5.000	115 - D	4.16 Gr. Y	1	8
XFM -1	500	4.16 - Gr.W	0.48 - Gr.W	1.1	2

Capacitor Data:

Node	Ph-A	Ph-B	Ph-C
	kVAr	kVAr	kVAr
675	200	200	200
611			100
Total	200	200	300

Regulator Data:

Regulator ID:	1		
Line Segment:	650 - 632		
Location:	50		
Phases:	A - B -C		
Connection:	3-Ph,LG		
Monitoring Phase:	A-B-C		
Bandwidth:	2.0 Volts		
PT Ratio:	20		
Primary CT Rating:	700		
Compensator Settings:	Ph-A	Ph-B	Ph-C
R - Setting:	3	3	3
X - Setting:	9	9	9
Voltage Level:	122	122	122

Spot Load Data:

Node	Load	Ph-1	Ph-1	Ph-2	Ph-2	Ph-3	Ph-3
	Model	kW	kVAr	kW	kVAr	kW	kVAr
634	Y-PQ	160	110	120	90	120	90
645	Y-PQ	0	0	170	125	0	0
646	D-Z	0	0	230	132	0	0
652	Y-Z	128	86	0	0	0	0
671	D-PQ	385	220	385	220	385	220
675	Y-PQ	485	190	68	60	290	212
692	D-I	0	0	0	0	170	151
611	Y-I	0	0	0	0	170	80
	TOTAL	1158	606	973	627	1135	753

Distributed Load Data:

Node A	Node B	Load	Ph-1	Ph-1	Ph-2	Ph-2	Ph-3	Ph-3
		Model	kW	kVAr	kW	kVAr	kW	kVAr
632	671	Y-PQ	17	10	66	38	117	68

IEEE 13 NODE TEST FEEDER
Impedances

Configuration 601:

```
            Z (R +jX) in ohms per mile
0.3465  1.0179   0.1560  0.5017   0.1580  0.4236
                 0.3375  1.0478   0.1535  0.3849
                                  0.3414  1.0348
            B in micro Siemens per mile
            6.2998   -1.9958  -1.2595
                      5.9597  -0.7417
                               5.6386
```

Configuration 602:

```
            Z (R +jX) in ohms per mile
0.7526  1.1814   0.1580  0.4236   0.1560  0.5017
                 0.7475  1.1983   0.1535  0.3849
                                  0.7436  1.2112
            B in micro Siemens per mile
            5.6990   -1.0817  -1.6905
                      5.1795  -0.6588
                               5.4246
```

Configuration 603:

```
            Z (R +jX) in ohms per mile
0.0000  0.0000   0.0000  0.0000   0.0000  0.0000
                 1.3294  1.3471   0.2066  0.4591
                                  1.3238  1.3569
            B in micro Siemens per mile
            0.0000   0.0000   0.0000
                     4.7097  -0.8999
                              4.6658
```

Configuration 604:

```
            Z (R +jX) in ohms per mile
1.3238  1.3569   0.0000  0.0000   0.2066  0.4591
                 0.0000  0.0000   0.0000  0.0000
                                  1.3294  1.3471
            B in micro Siemens per mile
            4.6658   0.0000  -0.8999
                     0.0000   0.0000
                              4.7097
```

Configuration 605:

```
                Z (R +jX) in ohms per mile
   0.0000   0.0000   0.0000   0.0000   0.0000   0.0000
                     0.0000   0.0000   0.0000   0.0000
                                       1.3292   1.3475
              B in micro Siemens per mile
              0.0000     0.0000     0.0000
                         0.0000     0.0000
                                    4.5193
```

Configuration 606:

```
                Z (R +jX) in ohms per mile
   0.7982   0.4463   0.3192   0.0328   0.2849  -0.0143
                     0.7891   0.4041   0.3192   0.0328
                                       0.7982   0.4463
              B in micro Siemens per mile
             96.8897     0.0000     0.0000
                        96.8897     0.0000
                                   96.8897
```

Configuration 607:

```
                Z (R +jX) in ohms per mile
   1.4925   0.6231   0.0000   0.0000   0.0000   0.0000
                     0.0000   0.0000   0.0000   0.0000
                                       0.0000   0.0000
              B in micro Siemens per mile
             97.7806     0.0000     0.0000
                         0.0000     0.0000
                                    0.0000
```

Power-Flow Results

```
- R A D I A L  F L O W  S U M M A R Y - DATE: 10-13-2000 AT  8:54:50 HOURS ---
SUBSTATION: IEEE 13;   FEEDER: IEEE 13
---------------------------------------------------------------------------
SYSTEM      PHASE           PHASE           PHASE            TOTAL
INPUT -------(A)-------|-------(B)-------|-------(C)-------|-----------------
kW   :    1051.297    |    977.334    |   1348.460    |    3877.091
kVAr :     651.476    |    375.419    |    669.787    |    1724.682
kVA  :    1424.835    |   1046.249    |   1505.642    |    3971.159
PF   :      .6782     |     .9341     |     .8956     |      .9008

LOAD  -- (A-N) ---- (A-B) - |-- (B-N) ---- (B-C) - |-- (C-N) ---- (C-A) - |---WYE-----DELTA--
kW   :   795.4    385.0|   424.0    625.7|   692.8    853.4|  1901.9   1864.0
TOT :        1170.382    |      1049.658    |      1245.907    |      3466.947

kVAr :   392.9    220.0|   313.0    358.1|   447.9    369.5|  1153.8    947.7
TOT :         612.897    |       671.117    |       817.461    |      2101.468

kVA  :   878.2    443.4|   527.0    720.9|   824.8    668.4|  2224.8   1828.7
TOT :        1321.150    |      1246.865    |      1490.138    |      4053.243

PF   :    .8943    .8682|   .8045    .8679|   .8397    .8316|   .8550    .8553
TOT :         .8859     |        .8425    |        .8361    |         .8551

LOSSES ------(A)------|-------(B)------|-------(C)-------|-------------------
kW   :      99.184    |     -4.691    |     76.650    |     111.144
kVAr :     182.611    |     42.216    |    129.859    |     324.686
kVA  :     157.561    |     42.476    |    150.793    |     343.182

CAPAC -- (A-N) ---- (A-B) - |-- (B-N) ---- (B-C) - |-- (C-N) ---- (C-A) - |---WYE-----DELTA--
R-kVA:   200.0      .0|   200.0      .0|   300.0      .0|   700.0       .0
TOT :         200.000    |      200.000    |      300.000    |      700.000

A-kVA:   199.4      .0|   222.7      .0|   285.3      .0|   701.5       .0
TOT :         199.446    |      222.745    |      285.276    |      701.469
```

```
                                                              p   1
--- V O L T A G E   P R O F I L E  ---- DATE: 10-19-2000 AT  8:55: 4 HOURS ----
SUBSTATION:  IEEE 13;   FEEDER:  IEEE 13
-----------------------------------------------------------------------------
NODE  |  MAG      ANGLE  |   MAG       ANGLE  |   MAG      ANGLE |mi.to SR
-----------------------------------------------------------------------------
      |         A-N       |        B-N         |        C-N      |
650   | 1.0000 at    .00 | 1.0000 at -120.00 | 1.0000 at 120.00 |   .000
RG60  | 1.0625 at    .00 | 1.0500 at -120.00 | 1.0687 at 120.00 |   .000
632   | 1.0210 at  -2.49 | 1.0420 at -121.72 | 1.0174 at 117.83 |   .379
633   | 1.0180 at  -2.56 | 1.0401 at -121.77 | 1.0148 at 117.82 |   .474
XF13  |  .9941 at  -3.23 | 1.0218 at -122.22 |  .9960 at 117.35 |   .474
634   |  .9941 at  -3.23 | 1.0218 at -122.22 |  .9960 at 117.34 |   .474
645   |                  | 1.0329 at -121.90 | 1.0155 at 117.86 |   .474
646   |                  | 1.0311 at -121.98 | 1.0134 at 117.90 |   .590
671   |  .9900 at  -5.30 | 1.0529 at -122.34 |  .9778 at 116.02 |   .788
680   |  .9900 at  -5.30 | 1.0529 at -122.34 |  .9778 at 116.02 |   .947
684   |  .9881 at  -5.32 |                   |  .9758 at 115.92 |   .815
611   |                  |                   |  .9738 at 115.78 |   .871
652   |  .9818 at  -5.25 |                   |                  |   .966
692   |  .9900 at  -5.31 | 1.0529 at -122.34 |  .9777 at 116.02 |   .788
675   |  .9835 at  -5.56 | 1.0553 at -122.52 |  .9758 at 116.03 |   .852
```

```
                                                              p   1
---------   VOLTAGE REGULATOR DATA  ---- DATE: 10-13-2000 AT  8:55:14 HOURS --
SUBSTATION:  IEEE 13;   FEEDER:  IEEE 13

[NODE]--[VREG]-----[SEG]------[NODE]         MODEL           OPT    BNDW
650    RG60       632        632    Phase A & B & C, Wye      RX    2.00
.............................................................................
       PHASE  LDCTR   VOLT HOLD  R-VOLT   X-VOLT  PT RATIO  CT RATE    TAP
         1            122.000    3.000    9.000    20.00    700.00      10
         2            122.000    3.000    9.000    20.00    700.00       8
         3            122.000    3.000    9.000    20.00    700.00      11
```

```
-  R A D I A L   P O W E R   F L O W  ---  DATE: 10-19-2000 AT  8:55:22 HOURS ---
SUBSTATION:  IEEE 13;   FEEDER:  IEEE 13
--------------------------------------------------------------------------------
    NODE        VALUE        PHASE A           PHASE B           PHASE C      UNT O/L<
                            (LINE A)          (LINE B)          (LINE C)         60.%
--------------------------!---------A---------!---------B---------!--------C---------v-------
NODE: 650      VOLTS:   1.000     .00   1.000 -120.00   1.000  120.00 MAG/ANG
kV11   4.160            NO LOAD OR CAPACITOR REPRESENTED AT SOURCE NODE

TO NODE RG60  <VRG>..: 593.25  -28.56  435.61 -140.91  626.93   99.59 AMP/DG <
<RG60  > LOSS=  .000:  (  .000)        (  .000)        (  .000)         kW
--------------------------!---------A---------!---------B---------!--------C---------v-------
NODE: RG60     VOLTS:   1.062     .00   1.050 -120.00   1.069  120.00 MAG/ANG
               -LD:      .00      .00      .00     .00     .00      .00 kW/kVR
kV11   4.160   CAP:      .00              .00              .00       .00 kVR

FROM NODE 650  <VRG>:  558.35  -28.56  414.87 -140.91  566.60   99.59 AMP/DG <
<RG60  > LOSS=  .000:  (  .000)        (  .000)        (  .000)         kW
TO NODE 632  .......:  558.35  -28.56  414.87 -140.91  566.60   99.59 AMP/DG <
<632   > LOSS= 59.712: ( 21.511)       ( -9.247)       ( 41.449)        kW
--------------------------!---------A---------!---------B---------!--------C---------v-------
NODE: 632      VOLTS:   1.021   -2.49   1.042 -121.72   1.017  117.83 MAG/ANG
               -LD:      .00      .00      .00     .00     .00      .00 kW/kVR
kV11   4.160   CAP:      .00              .00              .00       .00 kVR

FROM NODE RG60  .....:  558.35  -28.56  414.87 -140.91  566.60   99.59 AMP/DG <
<632   > LOSS= 59.712: ( 21.511)       ( -9.247)       ( 41.449)        kW
TO NODE 633  .......:   81.33  -37.74   61.12 -159.09   62.70   80.47 AMP/DG
<633   > LOSS=  .808:  (  .954)        (  .148)        (  .306)         kW
TO NODE 645  .......:                  143.02 -142.66   65.21   57.83 AMP/DG
<645   > LOSS= 2.760:                  ( 2.540)        (  .220)         kW
TO NODE 671  .......:  473.24  -27.03  216.12 -134.66  473.50   99.90 AMP/DG <
<671   > LOSS= 95.894: ( 10.480)       ( -6.167)       ( 31.581)        kW
--------------------------!---------A---------!---------B---------!--------C---------v-------
NODE: 633      VOLTS:   1.018   -2.56   1.040 -121.77   1.016  117.82 MAG/ANG
               -LD:      .00      .00      .00     .00     .00      .00 kW/kVR
kV11   4.160   CAP:      .00              .00              .00       .00 kVR

FROM NODE 632  .....:   81.33  -37.74   61.12 -159.09   62.71   80.47 AMP/DG
<633   > LOSS=  .808:  (  .954)        (  .148)        (  .306)         kW
TO NODE XF13  .......:   81.33  -37.74   61.12 -159.09   62.71   80.47 AMP/DG <
<XF13  > LOSS= 5.427:  ( 2.513)        ( 1.420)        ( 1.494)         kW
--------------------------!---------A---------!---------B---------!--------C---------v-------
NODE: XF13     VOLTS:    .994   -3.23   1.022 -122.22    .996  117.95 MAG/ANG
               -LD:      .00      .00      .00     .00     .00      .00 kW/kVR
kV11    .480   CAP:      .00              .00              .00       .00 kVR

FROM NODE 633  .....:  704.83  -37.74  529.73 -159.09  543.45   80.47 AMP/DG <
<XF13  > LOSS= 5.427:  ( 2.513)        ( 1.420)        ( 1.494)         kW
TO NODE 634  .......:  704.83  -37.74  529.73 -159.09  543.45   80.47 AMP/DG <
<634   > LOSS=  .000:  (  .000)        (  .000)        (  .000)         kW
```

```
                                                                            p  2
  - R A D I A L  P O W E R  F L O W  --- DATE: 10-13-2000 AT  8:55:22 HOURS ---
  SUBSTATION:  IEEE 13;   FEEDER:  IEEE 13
  ----------------------------------------------------------------------------
      NODE       VALUE      PHASE A         PHASE B         PHASE C      UNT O/L<
                            (LINE A)        (LINE B)        (LINE C)        60.%
  --------------------------A--------------B--------------C----------------
  NODE: 634          VOLTS:   .994  -3.23  1.022 -122.22   .996  117.34 MAG/ANG
                     Y-LD: 160.00 110.00 120.00  90.00 120.00  90.00 kW/kVR
  kV11   .480        Y CAP:          .00            .00            .00 kVR

  FROM NODE XF13 .....: 704.83 -37.74 829.73 -159.09 843.45  80.47 AMP/DG <
  <634  > LOSS=  .000: (  .000)     (  .000)     (  .000)     kW
  --------------------------A--------------B--------------C----------------
  NODE: 645          VOLTS:                1.033 -121.90  1.015  117.86 MAG/ANG
                     Y-LD:                170.00 125.00   .00    .00 kW/kVR
  kV11  4.160        Y CAP:                      .00            .00 kVR

  FROM NODE 632  .....:                  143.02 -142.66  65.21  57.83 AMP/DG <
  <645  > LOSS= 2.760:                  ( 2.540)     (  .220)     kW
  TO NODE 646 .......:                    65.21 -122.17  65.21  57.83 AMP/DG
  <646  > LOSS=  .541:                  (  .271)     (  .270)     kW
  --------------------------A--------------B--------------C----------------
  NODE: 646          VOLTS:                1.031 -121.98  1.013  117.90 MAG/ANG
                     D-LD:                240.66 138.12   .00    .00 kW/kVR
  kV11  4.160        Y CAP:                      .00            .00 kVR

  FROM NODE 645  .....:                    65.21 -122.18  65.21  57.82 AMP/DG
  <646  > LOSS=  .541:                  (  .271)     (  .270)     kW
  --------------------------A--------------B--------------C----------------
  NODE: 671          VOLTS:   .990  -5.30  1.053 -122.34   .978  116.02 MAG/ANG
                     D-LD: 385.00 220.00 385.00 220.00 385.00 220.00 kW/kVR
  kV11  4.160        Y CAP:          .00            .00            .00 kVR

  FROM NODE 632  .....: 470.15 -26.90 186.41 -131.89 420.64 101.66 AMP/DG <
  <671  > LOSS= 35.894: ( 10.460)    ( -6.167)    ( 31.561)    kW
  TO NODE 680 .......:    .00    .00    .00    .00    .00    .00 AMP/DG
  <680  > LOSS=  .000: ( -.001)     (  .001)     (  .000)     kW
  TO NODE 684 .......:  68.02 -99.12                71.15 121.61 AMP/DG
  <684  > LOSS=  .580: (  .210)                 (  .370)     kW
  TO NODE 692 .......: 229.10 -18.18  69.61 -55.19 178.38 109.39 AMP/DG
  <692  > LOSS=  .008: (  .003)     ( -.001)     (  .006)     kW
  --------------------------A--------------B--------------C----------------
  NODE: 680          VOLTS:   .990  -5.30  1.053 -122.34   .978  116.02 MAG/ANG
                     -LD:     .00    .00    .00    .00    .00    .00 kW/kVR
  kV11  4.160        CAP:           .00            .00            .00 kVR

  FROM NODE 671  .....:    .00    .00    .00    .00    .00    .00 AMP/DG
  <680  > LOSS=  .000: ( -.001)     (  .001)     (  .000)     kW
```

```
                                                                    p  3
- R A D I A L   P O W E R   F L O W  ---  DATE: 10-19-2000 AT  8:55:22 HOURS ---
SUBSTATION:  IEEE 13;   FEEDER:  IEEE 13
--------------------------------------------------------------------
    NODE        VALUE       PHASE A        PHASE B        PHASE C     UNT O/L<
                           (LINE A)       (LINE B)       (LINE C)       60.4
--------------------------A----------------B----------------C---------------
NODE: 684       VOLTS:    .988   -5.32                   .976  115.92 MAG/ANG
                 -LD:     .00     .00                     .00    .00 kW/kVR
kVLL   4.160    CAP:              .00                            .00 kVR

FROM NODE 671   .....:   63.02  -39.12                  71.18  121.61 AMP/DG
<684  > LOSS=   .880:    (  .210)                       (  .370)    kN
TO NODE 611   ........:                                 71.18  121.61 AMP/DG
<611  > LOSS=   .382:                                   (  .382)    kN
TO NODE 652   ........:   63.02  -39.12                             AMP/DG
<652  > LOSS=   .897:    (  .897)                                   kN
--------------------------A----------------B----------------C---------------
NODE: 611       VOLTS:                                   .974  115.78 MAG/ANG
                 Y-LD:                                  165.54   77.90 kW/kVR
kVLL   4.160    Y CAP:                                   94.82 kVR

FROM NODE 684   .....:                                  71.18  121.61 AMP/DG
<611  > LOSS=   .382:                                   (  .382)    kN
--------------------------A----------------B----------------C---------------
NODE: 652       VOLTS:    .982   -5.25                              MAG/ANG
                 Y-LD:   123.38   82.90                             kW/kVR
kVLL   4.160    Y CAP:            .00                               kVR

FROM NODE 684   .....:   63.04  -39.15                              AMP/DG
<652  > LOSS=   .897:    (  .897)                                   kN
--------------------------A----------------B----------------C---------------
NODE: 692       VOLTS:    .990   -5.31  1.053 -122.34   .976  116.02 MAG/ANG
                 D-LD:    .00     .00    .00     .00   168.97 149.55 kW/kVR
kVLL   4.160    Y CAP:            .00            .00            .00 kVR

FROM NODE 671   .....:   229.10  -18.18  69.61  -55.19 178.98 109.39 AMP/DG
<692  > LOSS=   .008:    (  .008)       (  -.001)      (  .006)    kN
TO NODE 675   ........:  205.33   -5.15  69.61  -55.19 124.07 111.79 AMP/DG <
<675  > LOSS=  4.196:    (  9.218)      (  .345)       (  .573)    kN
--------------------------A----------------B----------------C---------------
NODE: 675       VOLTS:    .983   -5.56  1.055 -122.52   .976  116.02 MAG/ANG
                 Y-LD:   485.00  190.00  68.00   60.00 290.00 212.00 kW/kVR
kVLL   4.160    Y CAP:           193.45          222.74        190.45 kVR

FROM NODE 692   .....:   205.33   -5.15  69.59  -55.20 124.07 111.78 AMP/DG <
<675  > LOSS=  4.196:    (  9.218)      (  .345)       (  .573)    kN
```

Appunti ed osservazioni

19

IEEE 34 NODE TEST FEEDER

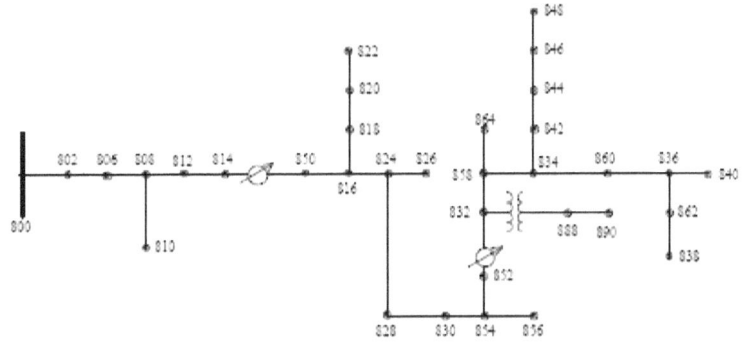

Overhead Line Configuration Data

Config.	Phasing	Phase ACSR	Neutral ACSR	Spacing ID
300	B A C N	1/0	1/0	500
301	B A C N	#2 6/1	#2 6/1	500
302	A N	#4 6/1	#4 6/1	510
303	B N	#4 6/1	#4 6/1	510
304	B N	#2 6/1	#2 6/1	510

Line Segment Data.

Node A	Node B	Length(ft.)	Config.
800	802	2580	301
802	806	1730	301
806	808	32230	301
808	810	5804	303
808	812	37500	301
812	814	29730	301
814	850	10	301
816	818	1710	302
816	824	10210	301
818	820	48150	302
820	822	13740	302
824	826	3030	303
824	828	840	301
828	830	20440	301
830	854	520	301
832	858	4900	301
832	888	0	XFM-1
834	860	2020	301

834	842	280	301
836	840	860	301
836	862	280	301
842	844	1350	301
844	846	3640	301
846	848	530	301
850	816	310	301
852	832	10	301
854	856	23330	303
854	852	36830	301
858	864	1620	303
858	834	5830	301
860	836	2680	301
862	838	4860	304
888	890	10560	300

Transformer Data.

	kVA	kV-high	kV-low	R - %	X - %
Substation:	2500	69 - D	24.9 -Gr. W	1	8
XFM -1	150	24.9 -Gr. W	4.16 - Gr. W	1.9	4.08

Substation Voltage = 1.05 pu Balanced

Shunt Capacitor Data.

Node	Ph-A kVAr	Ph-B kVAr	Ph-C kVAr
844	100	100	100
848	150	150	150
Total	250	250	250

Regulator Data:

Regulator ID:	1		
Line Segment:	814 - 850		
Location:	814		
Phases:	A - B - C		
Connection:	3-Ph,LG		
Monitoring Phase:	A-B-C		
Bandwidth:	2.0 volts		
PT Ratio:	120		
Primary CT Rating:	100		
Compensator Settings:	Ph-A	Ph-B	Ph-C
R - Setting:	2.7	2.7	2.7
X - Setting:	1.6	1.6	1.6
Voltage Level:	122	122	122

Regulator ID:	2		
Line Segment:	852 - 832		
Location:	852		
Phases:	A - B - C		
Connection:	3-Ph,LG		
Monitoring Phase:	A-B-C		
Bandwidth:	2.0 volts		
PT Ratio:	120		
Primary CT Rating:	100		
Compensator Settings:	Ph-A	Ph-B	Ph-C
R - Setting:	2.5	2.5	2.5
X - Setting:	1.5	1.5	1.5
Voltage Level:	124	124	124

Distributed Load Data:

Node A	Node B	Load Model	Ph-1 kW	Ph-1 kVAr	Ph-2 kW	Ph-2 kVAr	Ph-3 kW	Ph-3 kVAr
802	806	Y-PQ	0	0	30	15	25	14
806	810	Y-I	0	0	16	8	0	0
818	820	Y-Z	34	17	0	0	0	0
820	822	Y-PQ	135	70	0	0	0	0
816	824	D-I	0	0	5	2	0	0
824	826	Y-I	0	0	40	20	0	0
824	828	Y-PQ	0	0	0	0	4	2
828	830	Y-PQ	7	3	0	0	0	0
854	856	Y-PQ	0	0	4	2	0	0
832	858	D-Z	7	3	2	1	6	3
858	864	Y-PQ	2	1	0	0	0	0
858	834	D-PQ	4	2	15	8	13	7
834	860	D-Z	16	8	20	10	110	55
860	836	D-PQ	30	15	10	6	42	22
836	840	D-I	18	9	22	11	0	0
862	838	Y-PQ	0	0	28	14	0	0
842	844	Y-PQ	9	5	0	0	0	0
844	846	Y-PQ	0	0	25	12	20	11
846	848	Y-PQ	0	0	23	11	0	0
Total			262	133	240	120	220	114

Spot Load Data:

Node	Load Model	Ph-1 kW	Ph-1 kVAr	Ph-2 kW	Ph-2 kVAr	Ph-3 kW	Ph-4 kVAr
860	Y-PQ	20	16	20	16	20	16
840	Y-I	9	7	9	7	9	7
844	Y-Z	135	105	135	105	135	105
848	D-PQ	20	16	20	16	20	16
890	D-I	150	75	150	75	150	75
830	D-Z	10	5	10	5	25	10
Total		344	224	344	224	359	229

IEEE 34 Node Test Feeder
Impedances

Configuration 300:

--------- Z & B Matrices Before Changes ---------

```
            Z (R +jX) in ohms per mile
 1.3368  1.3343   0.2101  0.5779   0.2130  0.5015
                  1.3238  1.3569   0.2066  0.4591
                                   1.3294  1.3471
            B in micro Siemens per mile
            5.3350   -1.5313   -0.9943
                      5.0979   -0.6212
                                4.8880
```

Configuration 301:

```
            Z (R +jX) in ohms per mile
 1.9300  1.4115   0.2327  0.6442   0.2359  0.5691
                  1.9157  1.4281   0.2288  0.5238
                                   1.9219  1.4209
            B in micro Siemens per mile
            5.1207   -1.4364   -0.9402
                      4.9055   -0.5951
                                4.7154
```

Configuration 302:

```
            Z (R +jX) in ohms per mile
 2.7995  1.4855   0.0000  0.0000   0.0000  0.0000
                  0.0000  0.0000   0.0000  0.0000
                                   0.0000  0.0000
            B in micro Siemens per mile
            4.2251   0.0000   0.0000
                     0.0000   0.0000
                              0.0000
```

Configuration 303:

```
            Z (R +jX) in ohms per mile
 0.0000  0.0000   0.0000  0.0000   0.0000  0.0000
                  2.7995  1.4855   0.0000  0.0000
                                   0.0000  0.0000
            B in micro Siemens per mile
            0.0000   0.0000   0.0000
                     4.2251   0.0000
                              0.0000
```

Configuration 304:

```
            Z (R +jX) in ohms per mile
 0.0000  0.0000   0.0000  0.0000   0.0000  0.0000
                  1.9217  1.4212   0.0000  0.0000
                                   0.0000  0.0000
            B in micro Siemens per mile
            0.0000   0.0000   0.0000
                     4.3637   0.0000
                              0.0000
```

Power Flow Results

```
- R A D I A L   F L O W   S U M M A R Y - DATE:  7-27-2000 AT 19:56:50 HOURS ---
SUBSTATION:  IEEE 34;   FEEDER:  IEEE 34
------------------------------------------------------------------------------
SYSTEM        PHASE              PHASE              PHASE              TOTAL
INPUT -------(A)--------|-------(B)-------|-------(C)-------|--------------------
kW   :      759.136    |      666.663    |      617.072    |     2042.872
kVAr :      171.727    |       90.197    |       28.394    |      290.258
kVA  :      778.316    |      672.729    |      617.725    |     2063.389
PF   :        .9754    |        .9910    |        .9989    |        .9901

LOAD  -- (A-N) ---- (A-B) -|--- (B-N) ---- (B-C) - |-- (C-N) ---- (C-A) -|---WYE-----DELTA--
kW   :   359.9    246.4|  339.3    243.3|  221.8    359.0|  921.0    848.8
 TOT :      606.322    |      582.662    |      580.840    |     1769.824

kVAr :   230.9    128.7|  216.9    128.7|  161.8    184.6|  609.6    441.9
 TOT :      359.531    |      345.609    |      346.407    |     1051.547

kVA  :   427.6    278.0|  402.7    275.3|  274.6    403.7| 1104.5    957.0
 TOT :      704.903    |      677.482    |      676.293    |     2058.647

PF   :   .8417    .8864|  .8425    .8840|  .8076    .8694|  .8339    .8870
 TOT :       .8601     |       .8601     |       .8589     |       .8597

LOSSES ------(A)--------|-------(B)-------|-------(C)-------|--------------------
kW   :      114.836    |       80.989    |       77.624    |      273.049
kVAr :       14.200    |       10.989    |        9.810    |       34.999
kVA  :      115.711    |       81.197    |       78.440    |      275.283

CAPAC -- (A-N) ---- (A-B) -|--- (B-N) ---- (B-C) -|-- (C-N) ---- (C-A) -|---WYE-----DELTA--
R-kVA:   250.0      .0|  250.0      .0|  250.0      .0|  750.0      .0
 TOT :      250.000    |      250.000    |      250.000    |      750.000

A-kVA:   265.7      .0|  264.8      .0|  265.9      .0|  796.3      .0
 TOT :      265.658    |      264.760    |      265.869    |      796.287
```

```
                                                                    p   1
--- V O L T A G E   P R O F I L E  ---- DATE:  7-27-2000 AT 19:58:55 HOURS ----
SUBSTATION:  IEEE 34;   FEEDER:  IEEE 34
-------------------------------------------------------------------------------
NODE  |   MAG       ANGLE   |    MAG       ANGLE   |    MAG       ANGLE  |mi.to SR
-------------------------------------------------------------------------------
      |         A-N         |         B-N          |         C-N         |
800   | 1.0500 at   .00  | 1.0500 at -120.00 | 1.0500 at  120.00 |   .000
802   | 1.0475 at  -.05  | 1.0484 at -120.07 | 1.0484 at  119.95 |   .489
806   | 1.0457 at  -.08  | 1.0474 at -120.11 | 1.0474 at  119.92 |   .816
808   | 1.0136 at  -.75  | 1.0296 at -120.95 | 1.0259 at  119.30 |  6.920
810   |                  | 1.0294 at -120.95 |                   |  6.020
812   |  .9763 at -1.57  | 1.0100 at -121.92 | 1.0069 at  118.59 | 14.023
814   |  .9467 at -2.26  |  .9945 at -122.70 |  .9893 at  118.01 | 19.653
RG10  | 1.0177 at -2.26  | 1.0255 at -122.70 | 1.0203 at  118.01 | 19.654
850   | 1.0176 at -2.26  | 1.0255 at -122.70 | 1.0203 at  118.01 | 19.655
816   | 1.0172 at -2.26  | 1.0253 at -122.71 | 1.0200 at  118.01 | 19.714
818   | 1.0163 at -2.27  |                   |                   | 20.038
820   |  .9926 at -2.32  |                   |                   | 29.157
822   |  .9895 at -2.33  |                   |                   | 31.760
824   | 1.0082 at -2.37  | 1.0158 at -122.94 | 1.0116 at  117.76 | 21.648
826   |                  | 1.0156 at -122.94 |                   | 22.222
828   | 1.0074 at -2.38  | 1.0151 at -122.95 | 1.0109 at  117.75 | 21.907
830   |  .9894 at -2.63  |  .9982 at -123.39 |  .9935 at  117.25 | 28.678
854   |  .9890 at -2.64  |  .9978 at -123.40 |  .9934 at  117.24 | 28.777
852   |  .9581 at -3.11  |  .9680 at -124.18 |  .9637 at  116.33 | 32.752
RG11  | 1.0359 at -3.11  | 1.0345 at -124.18 | 1.0360 at  116.33 | 32.752
832   | 1.0359 at -3.11  | 1.0346 at -124.18 | 1.0360 at  116.33 | 32.754
858   | 1.0336 at -3.17  | 1.0322 at -124.28 | 1.0338 at  116.22 | 33.662
834   | 1.0309 at -3.24  | 1.0298 at -124.39 | 1.0313 at  116.09 | 34.786
842   | 1.0309 at -3.25  | 1.0294 at -124.39 | 1.0313 at  116.09 | 34.839
844   | 1.0307 at -3.27  | 1.0291 at -124.42 | 1.0311 at  116.06 | 35.095
846   | 1.0309 at -3.32  | 1.0291 at -124.46 | 1.0313 at  116.01 | 35.784
848   | 1.0310 at -3.32  | 1.0291 at -124.47 | 1.0314 at  116.00 | 35.885
860   | 1.0305 at -3.24  | 1.0291 at -124.39 | 1.0310 at  116.09 | 35.169
836   | 1.0303 at -3.23  | 1.0287 at -124.39 | 1.0305 at  116.09 | 35.677
840   | 1.0303 at -3.23  | 1.0287 at -124.39 | 1.0305 at  116.09 | 35.839
862   | 1.0303 at -3.23  | 1.0287 at -124.39 | 1.0305 at  116.09 | 35.730
838   |                  | 1.0285 at -124.39 |                   | 36.650
864   | 1.0336 at -3.17  |                   |                   | 33.989
XF10  |  .9997 at -4.63  |  .9963 at -125.73 | 1.0000 at  114.82 | 32.754
888   |  .9996 at -4.64  |  .9963 at -125.73 | 1.0000 at  114.82 | 32.754
890   |  .9167 at -5.19  |  .9238 at -126.78 |  .9177 at  113.98 | 34.754
856   |                  |  .9977 at -123.41 |                   | 30.195
```

```
----------  VOLTAGE REGULATOR DATA  ---- DATE:  7-27-2000 AT 20: 0: 8 HOURS --
SUBSTATION:  IEEE 34;   FEEDER:  IEEE 34
-------------------------------------------------------------------------------
[NODE]--[VREG]-----[SEG]------[NODE]          MODEL              OPT    ENDW
814    RG10       850         850     Phase A & B & C, Wye        RX    2.00
.............................................................................
       PHASE  LDCTR   VOLT HOLD  R-VOLT  X-VOLT  PT RATIO  CT RATE    TAP
         1            122.000    2.700   1.600   120.00    100.00      12
         2            122.000    2.700   1.600   120.00    100.00       5
         3            122.000    2.700   1.600   120.00    100.00       5
[NODE]--[VREG]-----[SEG]------[NODE]          MODEL              OPT    ENDW
852    RG11       832         832     Phase A & B & C, Wye        RX    2.00
       PHASE  LDCTR   VOLT HOLD  R-VOLT  X-VOLT  PT RATIO  CT RATE    TAP
         1            124.000    2.500   1.500   120.00    100.00      13
         2            124.000    2.500   1.500   120.00    100.00      11
         3            124.000    2.500   1.500   120.00    100.00      12
```

```
-  R A D I A L  P O W E R  F L O W  ---  DATE:  7-30-2000 AT 21: 7: 7 HOURS ---
SUBSTATION:  IEEE 34;   FEEDER:  IEEE 34
---------------------------------------------------------------------------------
     NODE       VALUE        PHASE A          PHASE B          PHASE C     UNT O/L<
                             (LINE A)         (LINE B)         (LINE C)       60.%
-----------------------*---------A--------*--------B--------*--------C--------*----
NODE: 800       VOLTS:   1.050     .00   1.050 -120.00   1.050  120.00 MAG/ANG
kV11 24.900              NO LOAD OR CAPACITOR REPRESENTED AT SOURCE NODE

TO NODE 802   .......:   51.56  -12.74  44.87 -127.70  40.92  117.37 AMP/DG
<802  > LOSS= 3.472:    ( 1.637)       (  .978)       (  .888)        kW
-----------------------*---------A--------*--------B--------*--------C--------*----
NODE: 802       VOLTS:   1.047    -.05   1.048 -120.07   1.048  119.95 MAG/ANG
                -LD:       .00     .00     .00     .00     .00     .00 kW/kVR
kV11 24.900     CAP:               .00             .00             .00 kVR

FROM NODE 800 .....:     51.56  -12.80  44.87 -127.76  40.93  117.91 AMP/DG
<802  > LOSS= 3.472:    ( 1.637)       (  .978)       (  .858)        kW
TO NODE 806   .....:     51.56  -12.80  44.87 -127.76  40.93  117.91 AMP/DG
<806  > LOSS= 2.272:    ( 1.102)       (  .618)       (  .552)        kW
-----------------------*---------A--------*--------B--------*--------C--------*----
NODE: 806       VOLTS:   1.046    -.08   1.047 -120.11   1.047  119.92 MAG/ANG
                -LD:       .00     .00     .00     .00     .00     .00 kW/kVR
kV11 24.900     CAP:               .00             .00             .00 kVR

FROM NODE 802 .....:     51.59  -12.83  42.47 -126.83  39.24  118.52 AMP/DG
<806  > LOSS= 2.272:    ( 1.102)       (  .618)       (  .552)        kW
TO NODE 808   .......:   51.59  -12.83  42.47 -126.83  39.24  118.52 AMP/DG
<808  > LOSS= 41.339:   ( 20.677)      ( 10.780)      (  9.882)       kW
-----------------------*---------A--------*--------B--------*--------C--------*----
NODE: 808       VOLTS:   1.014    -.75   1.030 -120.95  1.029  119.30 MAG/ANG
                -LD:       .00     .00     .00     .00     .00     .00 kW/kVR
kV11 24.900     CAP:               .00             .00             .00 kVR

FROM NODE 806 .....:     51.76  -13.47  42.46 -127.59  39.28  117.76 AMP/DG
<808  > LOSS= 41.339:   ( 20.677)      ( 10.780)      (  9.882)       kW
TO NODE 810   .......:                   1.22 -144.62                 AMP/DG
<810  > LOSS= .002:                     (  .002)                      kW
TO NODE 812   .......:   51.76  -13.47  41.30 -127.10  39.28  117.76 AMP/DG
<812  > LOSS= 47.531:   ( 24.126)      ( 11.644)      ( 11.761)       kW
-----------------------*---------A--------*--------B--------*--------C--------*----
NODE: 810       VOLTS:                   1.029 -120.95                MAG/ANG
                -LD:                       .00     .00                kW/kVR
kV11 24.900     CAP:                               .00                kVR

FROM NODE 808 .....:                      .00     .00                AMP/DG
<810  > LOSS= .002:                     (  .002)                      kW
```

```
-  R A D I A L   P O W E R   F L O W  --- DATE:  7-30-2000 AT 21: 7: 7 HOURS ---
   SUBSTATION:  IEEE 34;  FEEDER:  IEEE 34
------------------------------------------------------------------------------
     NODE        VALUE        PHASE A            PHASE B           PHASE C     UNT O/L<
                              (LINE A)           (LINE B)          (LINE C)       60.4
--------------------------*---------------*-----------------*-----------------*------
                                          A                 B                 C
   NODE: 812      VOLTS:     .976   -1.57  1.010 -121.92  1.007  118.59 MAG/ANG
                  -LD:        .00      .00    .00     .00    .00     .00 kW/kVR
   kVll  24.900   CAP:                .00            .00            .00 kVR

   FROM NODE 808  .....:    51.95  -14.18  41.29 -127.99  39.33  116.90 AMP/DG
   <812   > LOSS= 47.521:  ( 24.126)      ( 11.644)      ( 11.761)      kN
   TO NODE 814    .......:   51.95  -14.18  41.29 -127.99  39.33  116.90 AMP/DG
   <814   > LOSS= 37.790:  ( 19.245)      (  9.140)      (  9.404)      kN
--------------------------*---------------*-----------------*-----------------*------
                                          A                 B                 C
   NODE: 814      VOLTS:     .947   -2.26   .994 -122.70   .989  118.01 MAG/ANG
                  -LD:        .00      .00    .00     .00    .00     .00 kW/kVR
   kVll  24.900   CAP:                .00            .00            .00 kVR

   FROM NODE 812  .....:    52.10  -14.73  41.29 -128.69  39.37  116.23 AMP/DG
   <814   > LOSS= 37.790:  ( 19.245)      (  9.140)      (  9.404)      kN
   TO NODE RG10   .<VRG>.:   52.10  -14.73  41.29 -128.69  39.37  116.23 AMP/DG
   <RG10  > LOSS=  .000:   (   .000)      (   .000)      (   .000)      kN
--------------------------*---------------*-----------------*-----------------*------
                                          A                 B                 C
   NODE: RG10     VOLTS:    1.018   -2.26  1.026 -122.70  1.020  118.01 MAG/ANG
                  -LD:        .00      .00    .00     .00    .00     .00 kW/kVR
   kVll  24.900   CAP:                .00            .00            .00 kVR

   FROM NODE 814  <VRG>:    45.47  -14.73  40.04 -128.69  38.17  116.23 AMP/DG
   <RG10  > LOSS=  .000:   (   .000)      (   .000)      (   .000)      kN
   TO NODE 850    .......:   45.47  -14.73  40.04 -128.69  38.17  116.23 AMP/DG
   <850   > LOSS=  .017:   (   .008)      (   .005)      (   .005)      kN
--------------------------*---------------*-----------------*-----------------*------
                                          A                 B                 C
   NODE: 850      VOLTS:    1.018   -2.26  1.026 -122.70  1.020  118.01 MAG/ANG
                  -LD:        .00      .00    .00     .00    .00     .00 kW/kVR
   kVll  24.900   CAP:                .00            .00            .00 kVR

   FROM NODE RG10 .....:    45.47  -14.73  40.04 -128.69  38.17  116.23 AMP/DG
   <850   > LOSS=  .017:   (   .008)      (   .005)      (   .005)      kN
   TO NODE 816    .......:   45.47  -14.73  40.04 -128.69  38.17  116.23 AMP/DG
   <816   > LOSS=  .538:   (   .254)      (   .145)      (   .199)      kN
--------------------------*---------------*-----------------*-----------------*------
                                          A                 B                 C
   NODE: 816      VOLTS:    1.017   -2.26  1.026 -122.71  1.020  118.01 MAG/ANG
                  -LD:        .00      .00    .00     .00    .00     .00 kW/kVR
   kVll  24.900   CAP:                .00            .00            .00 kVR

   FROM NODE 850  .....:    45.47  -14.74  40.04 -128.70  38.17  116.23 AMP/DG
   <816   > LOSS=  .538:   (   .254)      (   .145)      (   .199)      kN
   TO NODE 818    .......:   13.02  -26.69                              AMP/DG
   <818   > LOSS=  .184:   (   .154)                                    kN
   TO NODE 824    .......:   35.83  -10.42  40.04 -128.70  38.17  116.23 AMP/DG
   <824   > LOSS= 14.181:  (  4.312)      (  5.444)      (  4.425)      kN
```

```
-  R A D I A L   P O W E R   F L O W  ---  DATE:  7-30-2000 AT 21: 7: 7 HOURS ---
   SUBSTATION:  IEEE 34;   FEEDER:  IEEE 34
-----------------------------------------------------------------------------
    NODE        VALUE         PHASE A         PHASE B         PHASE C    UNT O/L<
                              (LINE A)        (LINE B)        (LINE C)      60.4
--------------------------A-------------------B-------------------C-----------
   NODE: 818       VOLTS:    1.016   -2.27                                MAG/ANG
                    -LD:      .00     .00                                 kW/kVR
   kVll  24.900    CAP:              .00                                  kVR

   FROM NODE 816  .....:    13.03  -26.77                                 AMP/DG
   <818  > LOSS=  .154:     (  .154)                                      kW
   TO NODE 820   .......:   13.03  -26.77                                 AMP/DG
   <820  > LOSS=  3.614:    (  3.614)                                     kW
--------------------------A-------------------B-------------------C-----------
   NODE: 820       VOLTS:     .993   -2.32                                MAG/ANG
                    -LD:      .00     .00                                 kW/kVR
   kVll  24.900    CAP:              .00                                  kVR

   FROM NODE 818  .....:    10.62  -28.98                                 AMP/DG
   <820  > LOSS=  3.614:    (  3.614)                                     kW
   TO NODE 822   .......:   10.62  -28.98                                 AMP/DG
   <822  > LOSS=  .413:     (  .413)                                      kW
--------------------------A-------------------B-------------------C-----------
   NODE: 822       VOLTS:     .990   -2.33                                MAG/ANG
                    -LD:      .00     .00                                 kW/kVR
   kVll  24.900    CAP:              .00                                  kVR

   FROM NODE 820  .....:      .00     .00                                 AMP/DG
   <822  > LOSS=  .413:     (  .413)                                      kW
--------------------------A-------------------B-------------------C-----------
   NODE: 824       VOLTS:    1.008   -2.37   1.016 -122.94   1.012  117.76 MAG/ANG
                    -LD:      .00     .00     .00     .00     .00     .00  kW/kVR
   kVll  24.900    CAP:              .00             .00             .00  kVR

   FROM NODE 816  .....:    35.87  -10.70   39.82 -129.02   38.05  116.25 AMP/DG
   <824  > LOSS= 14.181:    (  4.312)       (  5.444)       (  4.425)     kW
   TO NODE 826   .......:                    3.10 -148.92                 AMP/DG
   <826  > LOSS=  .008:                     (  .008)                      kW
   TO NODE 828   .......:   35.87  -10.70   36.93 -127.39   38.05  116.25 AMP/DG
   <828  > LOSS= 1.108:     (  .361)        (  .393)        (  .354)      kW
--------------------------A-------------------B-------------------C-----------
   NODE: 826       VOLTS:                    1.016 -122.94                MAG/ANG
                    -LD:                      .00     .00                 kW/kVR
   kVll  24.900    CAP:                              .00                  kVR

   FROM NODE 824  .....:                      .00     .00                 AMP/DG
   <826  > LOSS=  .008:                     (  .008)                      kW
```

```
- R A D I A L  P O W E R  F L O W  ---  DATE:  7-30-2000 AT 21: 7: 7 HOURS ---
SUBSTATION:  IEEE 94;  FEEDER:  IEEE 94
----------------------------------------------------------------------------
   NODE        VALUE       PHASE A          PHASE B          PHASE C     UNT O/L<
                          (LINE A)         (LINE B)         (LINE C)       60.%
--------------------------A----------------B----------------C----------------
NODE: 828      VOLTS:  1.007   -2.36   1.016 -122.95   1.011  117.75 MAG/ANG
               -LD:      .00      .00     .00     .00     .00     .00 kW/kVR
kV11  24.900   CAP:      .00              .00              .00          kVR

FROM NODE 824  .....:   35.67  -10.72   36.99 -127.41   37.77  116.42 AMP/DG
<828  > LOSS=  1.108:   (  .361)        (  .393)        (  .354)        kW
TO NODE 830    .......:  35.67  -10.72   36.99 -127.41   37.77  116.42 AMP/DG
<830  > LOSS= 26.667:   ( 8.443)        ( 9.214)        ( 8.930)        kW
--------------------------A----------------B----------------C----------------
NODE: 830      VOLTS:    .989   -2.63    .998 -123.39    .994  117.25 MAG/ANG
               D-LD:    9.95     4.95   9.66    4.93  24.55    9.82 kW/kVR
kV11  24.900   Y CAP:    .00              .00              .00          kVR

FROM NODE 828  .....:   35.43  -11.06   36.91 -127.92   37.79  115.96 AMP/DG
<830  > LOSS= 26.667:   ( 8.443)        ( 9.214)        ( 8.930)        kW
TO NODE 854    .......:  34.22   -9.97   36.19 -127.47   36.49  116.26 AMP/DG
<854  > LOSS=   .695:   (  .197)        (  .227)        (  .211)        kW
--------------------------A----------------B----------------C----------------
NODE: 854      VOLTS:    .989   -2.64    .998 -123.40    .993  117.24 MAG/ANG
               -LD:      .00      .00     .00     .00     .00     .00 kW/kVR
kV11  24.900   CAP:      .00              .00              .00          kVR

FROM NODE 830  .....:   34.23   -9.99   36.19 -127.48   36.49  116.25 AMP/DG
<854  > LOSS=   .695:   (  .197)        (  .227)        (  .211)        kW
TO NODE 852    .......:  34.23   -9.99   36.99 -127.72   36.49  116.25 AMP/DG
<852  > LOSS= 44.798:   ( 13.996)       ( 15.778)       ( 15.023)       kW
TO NODE 856    .......:                   .31  -98.70                   AMP/DG
<856  > LOSS=   .001:                   (  .001)                        kW
--------------------------A----------------B----------------C----------------
NODE: 852      VOLTS:    .958   -3.11    .968 -124.18    .964  116.33 MAG/ANG
               -LD:      .00      .00     .00     .00     .00     .00 kW/kVR
kV11  24.900   CAP:      .00              .00              .00          kVR

FROM NODE 854  .....:   34.35  -11.00   36.90 -128.66   36.52  115.41 AMP/DG
<852  > LOSS= 44.798:   ( 13.996)       ( 15.778)       ( 15.023)       kW
TO NODE RG11  .<VRG>.:  34.35  -11.00   36.90 -128.66   36.52  115.41 AMP/DG
<RG11 > LOSS=   .000:   (  .000)        (  .000)        (  .000)        kW
--------------------------A----------------B----------------C----------------
NODE: RG11     VOLTS:  1.036   -3.11   1.035 -124.18   1.036  116.33 MAG/ANG
               -LD:      .00      .00     .00     .00     .00     .00 kW/kVR
kV11  24.900   CAP:      .00              .00              .00          kVR

FROM NODE 852  <VRG>:   31.77  -11.00   33.59 -128.66   33.98  115.41 AMP/DG
<RG11 > LOSS=   .000:   (  .000)        (  .000)        (  .000)        kW
TO NODE 832    .......:  31.77  -11.00   33.59 -128.66   33.98  115.41 AMP/DG
<832  > LOSS=   .011:   (  .003)        (  .004)        (  .004)        kW
```

```
 - R A D I A L   P O W E R   F L O W  --- DATE:  7-30-2000 AT 21: 7: 7 HOURS ---
 SUBSTATION:  IEEE 34;   FEEDER:  IEEE 34
--------------------------------------------------------------------------------
     NODE        VALUE        PHASE A           PHASE B           PHASE C     UNT O/L<
                              (LINE A)          (LINE B)          (LINE C)        60.%
------------------------------------A----------------B---------------C-----------------
 NODE: 832        VOLTS:    1.036   -3.11    1.035 -124.18    1.036  116.33 MAG/ANG
                    -LD:     .00      .00      .00      .00      .00      .00 kW/kVR
 kV11  24.900      CAP:              .00               .00               .00 kVR

 FROM NODE RG11 .....:     31.77  -11.00    33.59 -128.66    33.98  115.41 AMP/DG
 <832  > LOSS=   .011:    (  .003)          (  .004)          (  .004)     kW
 TO NODE 858 ........:     21.31     .47    23.40 -116.89    24.34  128.36 AMP/DG
 <858  > LOSS= 2.467:    (  .643)          (  .997)          (  .827)     kW
 TO NODE XF10 .......:     11.68  -32.29    11.70 -152.73    11.61   87.39 AMP/DG <
 <XF10 > LOSS= 9.625:    ( 3.196)          ( 3.241)          ( 3.187)     kW
------------------------------------A----------------B---------------C-----------------
 NODE: 858        VOLTS:    1.034   -3.17    1.032 -124.28    1.034  116.22 MAG/ANG
                    -LD:     .00      .00      .00      .00      .00      .00 kW/kVR
 kV11  24.900      CAP:              .00               .00               .00 kVR

 FROM NODE 832 .....:     20.86     .86    23.13 -116.89    24.02  128.48 AMP/DG
 <858  > LOSS= 2.467:    (  .643)          (  .997)          (  .827)     kW
 TO NODE 834 ........:     20.73    1.01    23.13 -116.89    24.02  128.48 AMP/DG
 <834  > LOSS= 2.798:    (  .717)          ( 1.145)          (  .936)     kW
 TO NODE 864 ........:      .14  -22.82                                    AMP/DG
 <864  > LOSS=  .000:    (  .000)                                         kW
------------------------------------A----------------B---------------C-----------------
 NODE: 834        VOLTS:    1.031   -3.24    1.029 -124.39    1.031  116.09 MAG/ANG
                    -LD:     .00      .00      .00      .00      .00      .00 kW/kVR
 kV11  24.900      CAP:              .00               .00               .00 kVR

 FROM NODE 858 .....:     20.29    2.18    22.37 -116.07    23.23  130.06 AMP/DG
 <834  > LOSS= 2.798:    (  .717)          ( 1.145)          (  .936)     kW
 TO NODE 842 ........:     14.75   34.66    16.30  -95.63    18.12  131.05 AMP/DG
 <842  > LOSS=  .064:    (  .015)          (  .032)          (  .017)     kW
 TO NODE 860 ........:     11.16  -43.05     9.09 -154.82    10.60   99.34 AMP/DG
 <860  > LOSS=  .141:    (  .021)          (  .104)          (  .017)     kW
------------------------------------A----------------B---------------C-----------------
 NODE: 842        VOLTS:    1.031   -3.25    1.029 -124.39    1.031  116.09 MAG/ANG
                    -LD:     .00      .00      .00      .00      .00      .00 kW/kVR
 kV11  24.900      CAP:              .00               .00               .00 kVR

 FROM NODE 834 .....:     14.74   34.67    16.30  -95.64    18.12  131.03 AMP/DG
 <842  > LOSS=  .064:    (  .015)          (  .032)          (  .017)     kW
 TO NODE 844 ........:     14.74   34.67    16.30  -95.64    18.12  131.03 AMP/DG
 <844  > LOSS=  .306:    (  .068)          (  .156)          (  .083)     kW
```

```
- R A D I A L   P O W E R   F L O W  ---  DATE:  7-30-2000 AT 21: 7: 7 HOURS ---
SUBSTATION: IEEE 94;   FEEDER: IEEE 34
----------------------------------------------------------------------
   NODE       VALUE        PHASE A         PHASE B         PHASE C      UNT O/L<
                          (LINE A)        (LINE B)        (LINE C)        60.4
-------------------------+--------A-------+--------B-------+--------C-------+--------
NODE: 844      VOLTS:   1.031   -3.27   1.029 -124.42   1.031  116.06 MAG/ANG
               Y-LD:  149.41  111.54  142.97  111.20  149.51  111.62 kW/kVR
kVll  24.900   Y CAP:         106.23          105.90          106.91 kVR

FROM NODE 842  .....:   14.47   37.12   16.29  -95.71   15.11  150.97 AMP/DG
<844  > LOSS=  .906:  (    .068)       (    .156)       (    .089)       kW
TO NODE 846  ........:    9.93   78.88    9.40  -63.57    9.40 -170.67 AMP/DG
<846  > LOSS=  .323:  (    .043)       (    .212)       (    .068)       kW
-------------------------+--------A-------+--------B-------+--------C-------+--------
NODE: 846      VOLTS:   1.031   -3.32   1.029 -124.46   1.031  116.01 MAG/ANG
               -LD:      .00     .00     .00     .00     .00     .00 kW/kVR
kVll  24.900   CAP:           .00             .00             .00 kVR

FROM NODE 844  .....:    9.76   78.80    9.40  -52.54    9.78 -161.93 AMP/DG
<846  > LOSS=  .323:  (    .043)       (    .212)       (    .068)       kW
TO NODE 848  ........:    9.76   78.80    9.40  -52.54    9.78 -161.93 AMP/DG
<848  > LOSS=  .048:  (    .007)       (    .031)       (    .010)       kW
-------------------------+--------A-------+--------B-------+--------C-------+--------
NODE: 848      VOLTS:   1.031   -3.32   1.029 -124.47   1.031  116.00 MAG/ANG
               D-LD:   20.00   16.00   20.00   16.00   20.00   16.00 kW/kVR
kVll  24.900   Y CAP:         189.43          158.86          159.86 kVR

FROM NODE 846  .....:    9.76   78.79    9.77  -42.47    9.78 -161.94 AMP/DG
<848  > LOSS=  .048:  (    .007)       (    .031)       (    .010)       kW
-------------------------+--------A-------+--------B-------+--------C-------+--------
NODE: 860      VOLTS:   1.030   -3.24   1.029 -124.39   1.031  116.09 MAG/ANG
               Y-LD:   20.00   16.00   20.00   16.00   20.00   16.00 kW/kVR
kVll  24.900   Y CAP:           .00             .00             .00 kVR

FROM NODE 834  .....:    5.87  -33.62    7.68 -156.52    5.29   86.10 AMP/DG
<860  > LOSS=  .141:  (    .021)       (    .104)       (    .017)       kW
TO NODE 836  ........:    4.16  -30.19    5.96 -154.68    3.60   90.25 AMP/DG
<846  > LOSS=  .039:  (   -.095)       (    .103)       (   -.026)       kW
-------------------------+--------A-------+--------B-------+--------C-------+--------
NODE: 836      VOLTS:   1.030   -3.23   1.029 -124.39   1.031  116.09 MAG/ANG
               -LD:      .00     .00     .00     .00     .00     .00 kW/kVR
kVll  24.900   CAP:           .00             .00             .00 kVR

FROM NODE 860  .....:    1.49  -19.83    4.42 -150.74    1.74   68.08 AMP/DG
<836  > LOSS=  .039:  (   -.095)       (    .103)       (   -.026)       kW
TO NODE 840  ........:    1.50  -20.01    2.33 -151.97    1.75   68.00 AMP/DG
<840  > LOSS=  .002:  (   -.014)       (    .026)       (   -.010)       kW
TO NODE 862  ........:     .00     .00    2.09 -149.98     .00     .00 AMP/DG
<862  > LOSS=  .000:  (   -.005)       (    .009)       (   -.004)       kW
```

```
-  R A D I A L   P O W E R   F L O W  --- DATE:  7-30-2000 AT 21: 7: 7 HOURS ---
  SUBSTATION: IEEE 34;   FEEDER: IEEE 34
  ------------------------------------------------------------------------------
     NODE        VALUE      PHASE A            PHASE B            PHASE C     UNT O/L<
                            (LINE A)           (LINE B)           (LINE C)        60.%
  --------------------+--------A--------+--------B--------+--------C--------+--------
  NODE: 840      VOLTS:  1.030   -3.23   1.029 -124.39   1.031  116.09 MAG/ANG
                  Y-LD:   9.27    7.21    9.26    7.20    9.28    7.22 kW/kVR
  kVll  24.900   Y CAP:            .00             .00             .00 kVR

  FROM NODE 836  .....:    .79  -41.11    .79 -162.26    .79   78.21 AMP/DG
  <840   > LOSS=  .002:  ( -.014)        (  .026)        ( -.010)       kW
  --------------------+--------A--------+--------B--------+--------C--------+--------
  NODE: 862      VOLTS:  1.030   -3.23   1.029 -124.39   1.031  116.09 MAG/ANG
                   -LD:    .00     .00    .00     .00    .00     .00 kW/kVR
  kVll  24.900     CAP:            .00             .00             .00 kVR

  FROM NODE 836  .....:    .00     .00   2.09 -149.50    .00     .00 AMP/DG
  <862   > LOSS=  .000:  ( -.005)        (  .009)        ( -.004)       kW
  TO NODE 838    .......:                 2.09 -149.50             AMP/DG
  <838   > LOSS=  .004:                  (  .004)               kW
  --------------------+--------A--------+--------B--------+--------C--------+--------
  NODE: 838      VOLTS:                  1.029 -124.39           MAG/ANG
                   -LD:                   .00     .00           kW/kVR
  kVll  24.900     CAP:                           .00           kVR

  FROM NODE 862  .....:                   .00     .00           AMP/DG
  <838   > LOSS=  .004:                  (  .004)               kW
  --------------------+--------A--------+--------B--------+--------C--------+--------
  NODE: 864      VOLTS:  1.034   -3.17                          MAG/ANG
                   -LD:    .00     .00                          kW/kVR
  kVll  24.900     CAP:            .00                          kVR

  FROM NODE 858  .....:    .00     .00                          AMP/DG
  <864   > LOSS=  .000:  (  .000)                               kW
  --------------------+--------A--------+--------B--------+--------C--------+--------
  NODE: XF10     VOLTS:  1.000   -4.69    .998 -125.73   1.000  114.82 MAG/ANG
                   -LD:    .00     .00    .00     .00    .00     .00 kW/kVR
  kVll   4.160     CAP:            .00             .00             .00 kVR

  FROM NODE 832  .....:  69.90  -32.29   70.04 -152.73   69.50   87.39 AMP/DG <
  <XF10  > LOSS= 9.625:  ( 3.196)        ( 3.241)        ( 3.187)       kW
  TO NODE 888    .......: 69.90  -32.29   70.04 -152.73   69.50   87.39 AMP/DG
  <888   > LOSS=  .000:  (  .000)        (  .000)        (  .000)       kW
  --------------------+--------A--------+--------B--------+--------C--------+--------
  NODE: 888      VOLTS:  1.000   -4.64    .998 -125.73   1.000  114.82 MAG/ANG
                   -LD:    .00     .00    .00     .00    .00     .00 kW/kVR
  kVll   4.160     CAP:            .00             .00             .00 kVR

  FROM NODE XF10 .....:  69.90  -32.29   70.04 -152.73   69.50   87.39 AMP/DG
  <888   > LOSS=  .000:  (  .000)        (  .000)        (  .000)       kW
  TO NODE 890    .......: 69.90  -32.29   70.04 -152.73   69.50   87.39 AMP/DG
  <890   > LOSS= 32.760: ( 11.638)       (  9.950)       ( 11.173)      kW
```

```
-  R A D I A L  P O W E R  F L O W  --- DATE: 7-30-2000 AT 21: 7: 7 HOURS ---
SUBSTATION:  IEEE 94;   FEEDER:  IEEE 94
-----------------------------------------------------------------------------
     NODE       VALUE      PHASE A          PHASE B          PHASE C     UNT O/L<
                          (LINE A)         (LINE B)         (LINE C)       60.%
----------------------I---------A--------I---------B--------I--------C-----I------
NODE: 890      VOLTS:    .917   -5.19     .924 -126.75     .918  113.98 MAG/ANG
               D-LD:   139.11   69.55   137.56   66.78   137.01   68.50 kW/kVR
kV11   4.160   Y CAP:            .00               .00              .00 kVR

FROM NODE 888  .....:    69.91  -32.31    70.06 -152.75    69.61   87.37 AMF/DG
<890   > LOSS= 32.760:   ( 11.638)        (  9.950)        ( 11.173)      kN
----------------------I---------A--------I---------B--------I--------C-----I------
NODE: 856      VOLTS:                     .998 -123.41                MAG/ANG
               -LD:                        .00    .00                 kW/kVR
kV11  24.900   CAP:                        .00                        kVR

FROM NODE 854  .....:                      .00    .00                 AMF/DG
<856   > LOSS=  .001:                     (  .001)                    kN
```

Appunti ed osservazioni

BIBLIOGRAFIA

[1] Capacitor Placement in Three-phase Distribution Systems with Non-Linear and Unbalanced Loads
A.Abur, G. Carpinelli, V. Di Vito, P. Varilone
IEE Proceedings on Generation, Transmission and Distribution - Volume 152, Issue 1, Jan 2005 Pages: 47-52

[2] Probabilistic Techniques for Three-phase Load Flow Analysis
P. Caramia, G. Carpinelli, V. Di Vito, P. Varilone
2003 IEEE Bologna Power Tech Conference, June 23th-26th, Bologna, Italy

[3] Multi-Linear Monte Carlo Simulation for Probabilistic Three-phase Load Flow
G. Carpinelli, V. Di Vito, P. Varilone
ETEP Journal, European Transactions on Electrical Power, Volume 17, Issue 1 , Pages 1 - 19, May 2006

[4] Decision Theory Criteria for Capacitor Placement in Unbalanced Distribution Systems
M. Crispino, V. Di Vito, A. Russo, P. Varilone
2005 IEEE/PES Transmission and distribution conference & exhibition: Asia and Pacific, Dalian, China, 14-18 August 2005

[5] Trade-off Methods for Capacitor Placement in Unbalanced Distribution Systems
G. Carpinelli, V. Di Vito, A. Russo, P. Varilone
Submitted for presentation to 2nd International Conference The European Electricity Market, EEM-05, May 10-12, 2005, Lodz, Poland

[6] Computer Analysis of Power Systems
J. Arrilaga, C. P. Arnold
John Wiley & Sons Ltd, New York (USA), 1990

[7] Optimal Capacitor Placement for Improving Power Quality
B. Gou, A. Abur
Paper SM 011, Proceedings of IEEE/PES Summer Meeting, July 18-22, 1999, Edmonton, Canada

[8]   Probabilistic Evaluation of the Economical Damage
        due to the Harmonic Losses in Industrial Energy
        Systems
        P. Caramia, G. Carpinelli, E. Di Vito, A. Losi, P. Verde
        IEEE Transactions on Power Delivery, Vol. 11, No. 2,
        1996, pp. 1021-1031

[9]   An Approach to Life Estimation of Electrical Plant
        Components in Presence of Harmonic Distortion
        *P. Caramia, G. Carpinelli, A. Cavallini, G. Mazzanti,
        G.C. Montanari, P. Verde*
        IEEE PES International Conference on Harmonics and
        Quality of Power, Orlando (USA), October 2000, pp.
        887-891

[10]   Thermal endurance of insulating materials
        G.C. Montanari, G. Pattini
        IEEE Transactions on Electrical Insulation, Vol. 21,
        No. 1, February 1986, pp. 67-75

[11]   Modelling and Simulation of the Propagation of
        Harmonics in Electric Power Networks. Part 1:
        Concepts, Models and Simulation Techniques
        Task Force on Harmonic Modelling and Simulation
        IEEE Transactions on Power Delivery, Vol. 11, Issue:
        1, 1996, pp. 452-465

[12]   Modelling and Simulation of the Propagation of
        Harmonics in Electric Power Networks. Part 2: Sample
        Systems and Examples
        Task Force on Harmonic Modelling and Simulation
        IEEE Transactions on Power Delivery, Vol. 11, Issue:
        1, 1996, pp. 466-474

[13]   Probabilistic Load Flow
        B. Borkowska
        IEEE Transactions on Power and Apparatus Systems,
        Vol. PAS-93, No. 3, p. 752-759, 1974

[14]   Probabilistic Analysis of Power Flows
        R. N. Allan, B. Borkowska, C. H. Gridd
        IEE Proc., Vol. 121, No. 12, pp. 1551-1556, 1974

[15]   Stochastic Load Flows
        O. A. Klitin, J. F. Dopazo, A. M. Sasson
        IEEE Trans. Proc., Vol. PAS-94, No. 2, pp. 299-309,
        1975

[16]   Sulla Determinazione Probabilistica dei Flussi di
        Potenza Ottimali nelle Reti Elettriche
        R. Napoli
        L'Elettrotecnica, Vol. LXIII, No. 10, 1976

[17] Probabilistic A.C. Load Flow
      R. N. Allan, Al-Shakarchi
      IEE Proc., Vol. 123, No. 6, pp. 153-160, 1976

[18] Probabilistic Techniques A.C. Load Flow Analysis
      R. N. Allan, Al-Shakarchi
      IEE Proc., Vol. 124, No. 2, pp. 154-160, 1977

[19] Linear Dependence Between Nodal Powers in
      Probabilistic A.C. Flow
      R. N. Allan, Al-Shakarchi
      IEE Proc., Vol. 124, No. 6, pp. 529-534, 1977

[20] Evaluation Methods and Accuracy in Probabilistic
      Load Flow Solutions
      R. N. Allan, A. M. Leite da Silva, R. C. Burchett
      IEEE Trans. on PAS, Vol. PAS-100, No. 5, pp. 2539-
      2546, 1981

[21] Probabilistic Approach for Power System Dynamic
      Stability Studies
      M. Brucoli, M. Trovato, F. Torelli
      IEE Proc. Pt. C, Vol. 128, No. 5, pp. 295-301, 1981

[22] Probabilistic Load Flow Using Multilinearisations
      R. N. Allan, A. M. Leite da Silva
      IEE Proc. Pt. C, Vol. 128, No. 5, pp. 280-287, 1981

[23] Constrained Stochastic Power Flow Analysis
      P. W. Sauer, B. Hoveida
      Electric Power Systems Research, Vol. 5, pp. 160-
      167, 1982

[24] Probabilistic Load Flow Considering Dependence
      Between Input Nodal Powers
      R. N. Allan, V.L. Arienti, A. M. Leite da Silva
      IEEE Trans. on PAS, Vol. PAS-103, No. 6, 1984

[25] Probabilistic Load Flow Considering Network Outages
      *R. N. Allan, V.L. Arienti, A. M. Leite da Silva, S. M.
      Soares*
      IEE Proc. Pt. C, Vol. 123, pp. 139-145, 1985

[26] Probabilistic Assessment of Small Scale Disturbance
      Stability in Multimachine Power System
      M. Brucoli, M. La Scala, F. Torelli
      INT. J. Systems SCI, Vol. 18, No. 6, pp. 1091-1102,
      1987

[27]   **Load Supplying Capability of Interconnected Power Systems: A Probabilistic Approach**
M. Brucoli, M. La Scala, F. Torelli, M. Trovato
Electric Power Systems Research, Vol. 12, pp. 183-190, 1987

[28]   **Stochastic Optimal Load Flow Using a Combined Quasi-Newton and Conjugate Gradient Technique**
M. E. El-Hawary, G. A. N. Mbamalu
Electrical Power & Energy Systems, Vol. 11, No. 2, 1988

[29]   **Probability Concepts in Electric Power Systems**
G. J. Anders
John Wiley, New York (USA), 1989

[30]   **Bibliography on Power System Probabilistic Analysis**
M. Schilling, A. M. Leite da Silva, R. Billington, M. A. El-Kady
IEEE Trans. on Power Systems, Vol. 5, No. 1, pp. 1-11, 1990

[31]   **A Monte Carlo Simulation Model for Adequacy Assessment of Multi-area Generating Systems**
R. Billington, L. Gan
Third International Conference on Probabilistic Methods Applied to Electric Power Systems, pp. 317-322, London, UK, July 1991

[32]   **A New Probabilistic Power Flow Analysis Method**
A. P. Meliopulos, G. J. Cokkinides, X. Yong Chao
IEEE Trans. on Power Systems, Vol. 5, No. 1, pp. 182-189, 1990

[33]   **Probabilistic Load Flow by a Multilinear Simulation Algorithm**
V.L. Arienti, A. M. Leite da Silva
IEE Proc. Pt. C, Vol. 137, No. 4, pp. 276-282, July 1990

[34]   **Probabilistic Load Flow Techniques Applied to Power System Expansion Planning**
A. M. Leite da Silva, S. M. P. Ribeiro, R. N. Allan, V. L. Arienti, M. B. Do Coutto Filho
IEEE Trans. on Power Systems, Vol. 5, No. 4, 1990

[35]   **Stochastic Load Flow Analysis**
J. Vorsic, V. Muzek, G. Skerbinek
Proc. On 6th Electrotechnical Conference Mediterranean, Vol. 2, pp. 1445-1448, Ljubljana (Slovenia), May 1991

[36] The Optimal Load Flow Considering the Variation of Power Load
K. Wang, W. Song
IEE International Conference on Advances in Power System Control, Operation and Management, APSCOM-91, Vol. 1, pp. 306-310, Hong Kong, November 1991

[37] Transmission Loss Evaluation Based on Probabilistic Power Flow
A. P. S. Meliopoulos, X. Y. Chao, G. Cokkinides, R. Monsalvatge
IEEE Trans. on Power Systems, Vol. 6, No. 1, pp. 364-371, 1991

[38] Probabilistic Powers Systems Simulation
B. J. Cory, E. D. Farmer
IEE Colloquium On Simulation of Power Systems, Vol. 10, pp. 1-2, London (UK), December 1992

[39] Probabilistic Modeling of Voltage Asymmetry
L. Pierrat, R. E. Morrison
IEEE Transactions on Power Delivery, Vol. 10, No. 3, July 1995, pp. 1614-1620

[40] Probabilistic Iterative Harmonic Analysis of Power Systems
P. Caramia, G. Carpinelli, F. Rossi, P. Verde
IEE Proc. Gener. Transm. Distrib., Vol. 141, No. 4, 1994

[41] Probabilistic Constrained Load Flow Based on Sensitivity Analysis
T. S. Karakatsanis, N. D. Hatziargyriou
IEEE Trans. on Power Systems, Vol. 9, No. 4, pp. 1853-1860, 1994

[42] Bibliography on the Application of Probability Methods in Power System Reliability Evaluation: 1987-1991
R. N. Allan, R. Billington, A. M. Breipohl, C. H. Grigg
IEEE Trans. on Power Systems, Vol. 9, No. 1, pp. 41-49, February 1994

[43] Newton-Raphson Probabilistic Harmonic Power Flow Through Monte Carlo Simulation
M. S. Rios, P. R. Castaneda
Proceedings of the 38th Midwest Symposium on Circuits and Systems, Vol. 2, pp. 1297-1300, Rio de Janeiro (Brazil), August 1995

[44] Probabilistic Load Flow in Radial Distribution
      Networks
      A. Dimitrovski, R. Ackovski
      IEEE Proc. Trans. Distr., pp. 102-107, Los Angeles
      (USA), September 1996

[45] EN Standard 50160: Voltage Characteristics of
      Electricity Supplied by Public Distribution Systems
      European Standard, CLC, BTTF 68-6, 1994

[46] Kendall's Advanced Theory of Statistics, Vol. I,
      Distribution Theory
      P. A. Stewart, K. J. Ord
      E. Arnold Editor, London, 1994

[47] Composite Generation/Transmission Reliability
      Evaluation
      F. Pereira, N. J. Balu
      Proceedings of the IEEE, Vol. 80, No.4, April 1992,
      pp. 470-491

[48] Product data, Section 2, Sheet 40
      The Okonite Company
      www.okonite.com

[49] IEEE Recommended Practices and Requirements for
      Harmonic Control in Electrical Power Systems
      IEEE Std 519-1992, IEEE, New York, NY, April 1993

[50] Passive Shunt Harmonic Filters for Low and Medium
      Voltage: A Cost Comparison Study
      A. E. Emanuel, C. Kawann
      IEEE Transactions on Power Systems, Vol. 11, No. 4,
      1996, pp. 1825-1832

[51] Application of Differential Evolution to Passive Shunt
      Harmonic Filter Planning
      T. T. Chang, H. Chang,
      8th IEEE ICHQP, Athens (Greece), 1998, pp. 149-153

[52] Distribution Feeder Line Models
      W. H. Kersting, W. H. Phillips
      38th IEEE Power Conference on Rural Electric
      Systems, pp. A4/1-A4/8, Colorado Springs (USA),
      April 1994

[53] Sull'analisi in regime permanente dei sistemi elettrici
      dissimmetrici
      V. Di Vito
      Tesi di Dottorato di Ricerca in Ingegneria Elettrica e
      dell'Informazione, Facoltà di Ingegneria, Università
      degli studi di Cassino, 2005

LINKS UTILI

AEI, Associazione Elettrotecnica Italiana
www.aei.it

CEI, Comitato Elettrotecnico Italiano
www.ceiuni.it

IEEE, Institute of Electrical and Electronics Engineers
www.ieee.org

LPQI, Leonardo Power Quality Initiative
www.lpqi.org

Politecnico di Bari, Dipartimento di Ingegneria Elettrotecnica
ed Elettronica
www-dee.poliba.it

Politecnico di Milano, Dipartimento di Elettrotecnica
www.etec.polimi.it

Politecnico di Torino, Dipartimento di Ingegneria Elettrica
www.polito.it/ricerca/dipartimenti/delet

Università di Bologna, Dipartimento di Ingegneria Elettrica
www.die.unibo.it

Università di Cagliari, Dipartimento di Ingegneria Elettrica
ed Elettronica
www.diee.unica.it

Università di Cassino, Dipartimento di Ingegneria Industriale
dii.ing.unicas.it

Università di Catania, Dipartimento di Ingegneria Elettrica,
Elettronica e dei Sistemi
www.dees.unict.it

Università "Federico II" di Napoli, Dipartimento di Ingegneria
Elettrica
www.diel.unina.it

Università di Genova, Dipartimento di Ingegneria Elettrica
www.die.unige.it

Università de L'Aquila, Dipartimento di Ingegneria Elettrica e dell'Informazione
www.diel.univaq.it

Università "La Sapienza" di Roma, Dipartimento di Ingegneria Elettrica
elettrica.ing.uniroma1.it

Università di Padova, Dipartimento di Ingegneria Elettrica
www.die.unipd.it

Università di Palermo, Dipartimento di Ingegneria Elettrica, Elettronica e delle Telecomunicazioni
www.dieet.unipa.it

Università di Pavia, Dipartimento di Ingegneria Elettrica
www.unipv.it/electric/dipartimento.html

Università di Salerno, Dipartimento di Ingegneria dell'Informazione ed Elettrica
www.diiie.unisa.it

Università di Udine, Dipartimento di Ingegneria Elettrica, Gestionale e Meccanica
www.diegm.uniud.it

INDICE ANALITICO

A

ampiezza delle regioni di carico; 74
analisi dei sistemi elettrici alle armoniche; 114

C

coefficiente di correlazione; 57; 58; 59
condensatori inseriti in parallelo; 105
correlazione statistica tra le potenze attive monofase di carico e le potenze attive trifase di generazione; 58
costi di esercizio; 110
costi di invecchiamento; 110
costo dei condensatori; 110
costo dell'energia; 129
costo delle perdite alla fondamentale; 110
costo unitario dei condensatori; 129

D

dipendenza statistica; 55
distorsione; 8; 9; 12; 105; 107; 108; 109; 110; 111; 117; 118; 125; 126; 129; 131; 132; 133; 134; 135

E

equazioni in forma disaccoppiata; 36
errore standard; 65
errori medi; 89

F

fast decoupled three-phase load flow; 37
Fast Fourier Transform; 76
funzione obbiettivo; 109
funzioni di densità di probabilità; 18; 19; 49; 50; 52; 54; 55; 56; 59; 61; 62; 63; 67; 68; 71; 74; 75; 76; 77; 78; 81; 86; 87; 88; 90; 92; 94; 95; 96; 99
funzioni di distribuzione di Pearson; 81
funzioni di Pearson. Vedi tecnica dei polinomi approssimanti

I

IEEE 13 Node Test Feeder; 8; 9; 11; 85; 139
IEEE 34 Node Test Feeder; 9; 12; 103; 125; 126; 147
indipendenza statistica; 54

J

Jacobiano. Vedi matrice jacobiana

L

legge di dispacciamento; 56
linearizzazione delle equazioni di load flow trifase; 68
load flow trifase probabilistico; 52

M

matrice Jacobiana; 32

matrici Jacobiane
disaccoppiate; 38
modello matematico in
regime permanente; 51
momenti statistici di ordine
superiore; 78
Monte Carlo Non Lineare; 11;
18; 50; 61; 62; 64; 68; 70; 75; 87; 88;
89; 99

N

nodi di carico; 29
nodi di generazione; 27
nodo di saldo; 28
nodo slack. *Vedi* nodo di saldo
numero di simulazioni; 62

O

onere computazionale; 19; 70;
73; 74; 76; 84; 99; 105; 114; 122;
135
ottimizzazione; 107

P

Pearson di tipo I; 82
Pearson di tipo IV; 82
potenza attiva totale di
carico; 71
procedura della
convoluzione; 75
procedura Monte Carlo
Linearizzata; 67
procedura Monte Carlo Multi-
Linearizzata; 70

prodotto di convoluzione; 76

R

regioni di carico; 73; 74

S

scenari a breve termine; 54
scenari a lungo termine; 54
serie di Taylor
sviluppo; 31
set-points dei regolatori di
tensione; 59
sistema linearizzato; 32

T

tecnica dei polinomi
approssimanti; 77
tecniche probabilistiche; 18
terna simmetrica; 26

V

valore medio; 57; 66; 77; 81; 88; 92
varianza; 56; 57; 58; 65; 66; 67; 68;
70; 78; 86; 91
vincoli sui fattori di
distorsione; 118
vincoli sulle correnti
circolanti alla frequenza
fondamentale; 118
vincoli sulle tensioni; 117

www.ingramcontent.com/pod-product-compliance
Lightning Source LLC
Chambersburg PA
CBHW032017170526
45157CB00002B/739

* 9 7 8 1 4 3 0 3 2 5 3 7 6 *